発刊にあたって

編集委員長　正田　英介

　今日，工業社会や高等教育の大変革期にあって，電気工学分野においても従来とは異なる視点での教科書の刊行が求められています．大学学部新入生の学力は多様化しつつあり，多くの学生が大学院修士課程まで進む傾向が強まっています．このため「基礎教育」は学部で，「専門教育」は大学院でという傾向はいっそう強まるものと見られ，さらに工学者・技術者の「継続教育」も視野におくことが求められています．

　電気工学分野は，従来は電気エネルギー工学，すなわち電力工学を中心として展開されてきましたが，今日においては情報，通信，電子，制御工学との融合のもとで，従来の電力工学の枠を越えて多方面へと発展しつつあります．

　そこで，電気学会とオーム社とが共同で新時代に適応する教科書新シリーズを企画することとなりました．企画にあたっては，電気系の新旧分野を再体系化して新しい電気工学のカリキュラムに適合する教科を選択し，演習ツールとしてのアプリケーションソフトやWebサイトの活用など，マルチメディア教育環境に適応するようにも工夫しました．

　このシリーズのカバーする範囲は，電気学会の (A) 基礎・材料・共通，(B) 電力・エネルギー，(C) 電子・情報・システム，(D) 産業応用，(E) センサ・マイクロマシンの5部門ですが，画一的に考えず，科目に応じた書目選定を柔軟に行うこととしました．また，部門を越えて横断的に検討するM部門を設け，マルチメディアやeラーニングへの対応を図っています．

　本シリーズが，21世紀の総合電気工学の高等教育用標準教科書として広く活用されることを心より期待しております．

―――― EE Text 企画編集委員会 ――――

編集委員長	正田　英介（東京大学名誉教授）	
副編集委員長	桂井　誠（東京大学）	[編集幹事長]
	高橋一弘（電力中央研究所）	[副編集幹事長]
	原　雅則（九州大学）	[副編集幹事長]
編集委員	大木義路（早稲田大学）	[A部門幹事]
	仁田旦三（東京大学）	[B部門，M部門幹事]
	平田廣則（千葉大学）	[C部門幹事]
	大西公平（慶應義塾大学）	[D部門幹事]
	藤田博之（東京大学）	[E部門幹事]
	村岡泰夫（電気学会）	[幹事]
	江刺正喜（東北大学）	大熊　繁（名古屋大学）
	大松　繁（大阪府立大学）	岡野大祐（九州東海大学）
	奥村浩士（京都大学）	橋本洋志（東京工科大学）
	長谷川淳（北海道大学）	兵庫　明（東京理科大学）
	深尾　正（武蔵工業大学）	道上　勉（福井工業大学）
	柳父　悟（東京電機大学）	吉江　修（早稲田大学）
顧問	尾出和也（電力中央研究所）	豊田淳一（八戸工業大学）

EEText

システム制御 I

宮崎道雄 [編著]

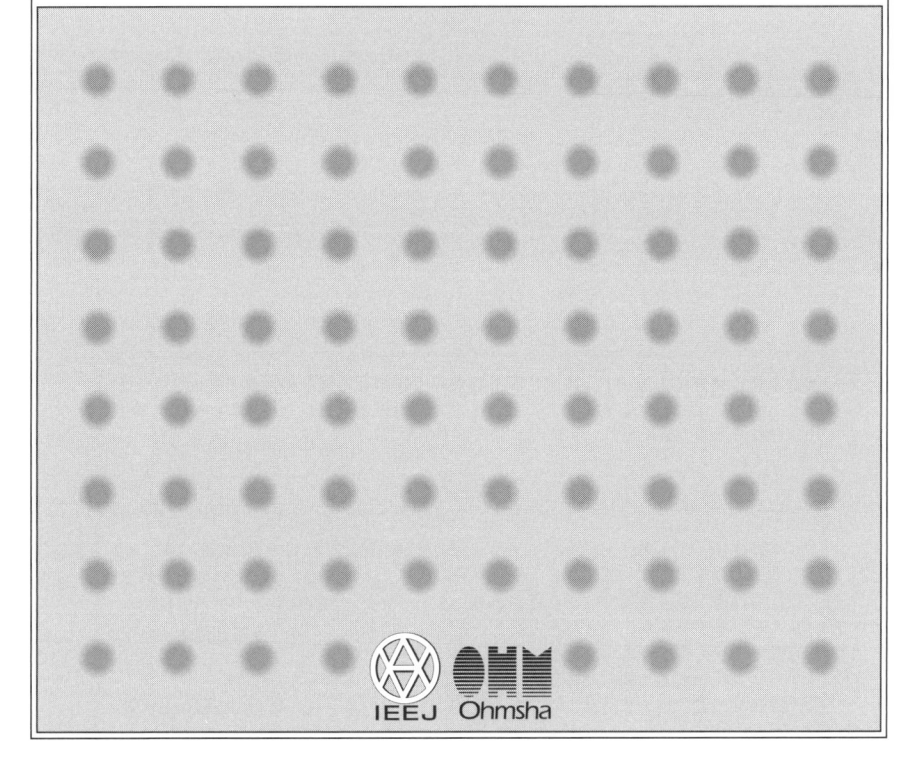

編 者	宮崎 道雄（関東学院大学）	
執筆者	大浦 邦彦（国士舘大学）	[3章, 付録2]
	小野 治（明治大学）	[5, 8章]
	小松 督（関東学院大学）	[1, 7, 10章, 付録1]
	髙橋 良彦（神奈川工科大学）	[2章]
	千葉 明（東京理科大学）	[6, 9章]
	藤川 英司（東京都市大学）	[4章]
	宮崎 道雄（関東学院大学）	[1章]
	（五十音順）	

本書を発行するにあたって，内容に誤りのないようできる限りの注意を払いましたが，本書の内容を適用した結果生じたこと，また，適用できなかった結果について，著者，出版社とも一切の責任を負いませんのでご了承ください．

本書は，「著作権法」によって，著作権等の権利が保護されている著作物です．本書の全部または一部につき，無断で次に示す〔 〕内のような使い方をされると，著作権等の権利侵害となる場合があります．また，代行業者等の第三者によるスキャンやデジタル化は，たとえ個人や家庭内での利用であっても著作権法上認められておりませんので，ご注意ください．
　　〔転載，複写機等による複写複製，電子的装置への入力等〕
学校・企業・団体等において，上記のような使い方をされる場合には特にご注意ください．
お問合せは下記へお願いします．
〒101-8460　東京都千代田区神田錦町3-1　TEL.03-3233-0641
株式会社オーム社 編集局 （著作権担当）

は　し　が　き

　「システム制御」は，我々の想像以上に分野の枠を越えて使われている横断型の技術といえる．我々の身の回りでシステム制御が使用されている例をあげてみると，家電製品では，エアコン，自動炊飯器，自動洗濯機などのほか，磁気ディスクや光ディスクの位置決め制御で重要な役割を担っている．また，自動車では，エンジンの電子制御，ABS，そしてアクティブサスペンションなど多くの部位でその技術が使われている．大型プラントに対しても，溶鉱炉の温度制御，鉄鋼用圧延制御や電力系統の電圧制御などで広く用いられており，さらに近年では，ロボットの制御が注目されているほか，電車，船舶，飛行機などの自動操縦においても成果を上げている．

　このように，システム制御が使われている分野や場所は多種多様に上っているが，そこで用いられている考え方や方式には意外と共通点が多く，「制御理論」という共通語で取扱いが可能であることがわかってきた．しかし，システム制御の扱う範囲は広大で，例えばシステムは，線形／非線形，連続時間／離散時間，時不変／時変，確定的／確率的などのように分類でき，それぞれの分野ごとに発展している．したがって，システム制御の初学者にとって適切な学び方は，その基礎から始めることがことのほか重要である．

　このような考えに基づき，本書で扱う内容は，制御理論の中で古典制御といわれる分野に的をしぼり，連続時間線形時不変なフィードバック制御系の説明に力を注いでいる．つまり，今後の勉学に役立つような基礎部分について，すべてを網羅して記述している．そのため，中途半端な応用の章は入れず，それらは同 EE Text シリーズの『システム制御II』に詳細にまとめることとした．

　ここで，古典制御を学ぶにあたっての注意を一つだけあげておく．古典制御では，時間領域で記述されたシステムをラプラス変換によって s 領域で議論するため，ラプラス変換の知識は必須である．これは，時間領域よりも s 領域で扱うほうが，人間にとって直感的に理解しやすく扱いやすいからである．しかし，古典制御を「難しい」と感じる人のほとんどはこの点につまずいている．つまり，時間領域と s 領域との対応関係が身に付いていないのである．この関所さえ通り抜ければ，必ず眺めの良いパノラマが開けてくると思われる．

　本書の構成は，基礎編，解析編，設計・実装編の3編に大きく分けることができる．基礎編（1～4章，付録1）では，古典制御のための基礎知識としてラプラス変換，伝達関数，ブロック線図，過渡応答，周波数応答などを学ぶ．解析編（5～8章，付録2）では，フィードバック制御系としての特性を安定性，定常特性，過渡特性，外乱特性の視点から調べる方法について学ぶ．設計・実装編（9，10章）では，これまでに学んだ基礎編・解析編の知識を駆使して，工学の最終目的である

"物づくり"のノウハウを学ぶ．このように，本書では古典制御の本質と実際についてじっくりと解説してある．

　以上のようなことを鑑み，本書執筆に際しては，大学ならびに工業高等専門学校でシステム制御Ⅰを初めて学ぶ学生にわかりやすいように，次のことを考慮した．① セメスタ制に合わせて14回の授業で完結するように構成した．② "物づくり"に至るまでの道筋を学ぶために，モデルから実装までを視野に入れて，設計例を詳しく記述した．③ 追加的な解説をサイドノートに記載して，理解を深めるようにした．

　なお，前述したとおり，本書『システム制御Ⅰ』では古典制御を取り扱い，システム制御の基礎が理解できるようにした．一方，姉妹書である『システム制御Ⅱ』では，状態変数の考え方を導入することによって，多次元化・高精度化を目指したシステム制御の基礎として現代制御を取り扱っているので，本書を理解した後で学習に取り組んでほしい．

　本書が，読者の一生を通して座右の書となり得たら望外の喜びである．最後に，本書を執筆するに当たり，多くの書籍を参照させて頂きました．ここに感謝の意を表します．

　　2003年10月

　　　　　　　　　　　　　　　　　　　　　　　　　　　　　宮崎　道雄

目　次

1章　序　論

1・1　制御とは何か……………………………………………………1
1・2　制御系の構成……………………………………………………3
1・3　制御系の分類……………………………………………………5
1・4　自動制御の歴史…………………………………………………7
1・5　制御問題…………………………………………………………8
1・6　制御システムの設計・実装の流れと本書との対応…………9
演習問題………………………………………………………………11

2章　システムモデルと伝達関数

2・1　システムモデルの必要性と伝達関数の定義 ………………13
2・2　よく用いられるラプラス変換の公式 ………………………14
2・3　静的システムと動的システム ………………………………15
2・4　動的システムの伝達関数 ……………………………………16
　　1　一次遅れ系 …………………………………………………16
　　2　二次遅れ系 …………………………………………………17
　　3　直流電動機系 ………………………………………………19
　　4　基本的制御要素 ……………………………………………20
2・5　ブロック線図 …………………………………………………22
　　1　ブロック線図を用いた伝達関数の表現方法 ……………22
　　2　ブロック線図の等価変換 …………………………………22
　　3　一次遅れ系のブロック線図 ………………………………24
　　4　二次遅れ系のブロック線図 ………………………………25
　　5　直流電動機系のブロック線図 ……………………………25
　　6　基本的制御要素のブロック線図 …………………………26
　　7　フィードバック制御のブロック線図 ……………………26
演習問題 ……………………………………………………………28

3章 過渡応答

- 3·1 過渡応答とは …… 31
  - 1 インパルス応答 …… 32
  - 2 ステップ応答 …… 32
  - 3 ランプ応答 …… 33
- 3·2 基本要素の過渡応答 …… 33
  - 1 PID各要素 …… 33
  - 2 一次遅れ要素 …… 34
  - 3 二次遅れ要素 …… 35
  - 4 むだ時間要素 …… 37
  - 5 高次遅れ要素 …… 38
- 3·3 極と零点 …… 38
- 演習問題 …… 40

4章 周波数応答

- 4·1 周波数伝達関数 …… 41
  - 1 周波数伝達関数の定義 …… 41
  - 2 周波数応答 …… 42
  - 3 図的表現法 …… 42
- 4·2 ベクトル線図（ベクトル軌跡） …… 43
  - 1 ベクトル線図の書き方 …… 43
  - 2 積分要素と微分要素 …… 43
  - 3 一次遅れ要素 …… 44
  - 4 二次遅れ要素 …… 44
  - 5 位相補償要素 …… 45
- 4·3 ボード線図 …… 46
  - 1 ボード線図の書き方 …… 46
  - 2 積分要素と微分要素 …… 46
  - 3 一次遅れ要素 …… 47
  - 4 二次遅れ要素 …… 48
  - 5 最小位相推移系 …… 49
  - 6 位相補償要素 …… 49
- 4·4 ゲイン位相線図 …… 50
  - 1 ゲイン位相線図の書き方 …… 50
  - 2 積分要素と微分要素 …… 50
  - 3 一次遅れ要素 …… 50
- 4·5 結合系の周波数応答 …… 51
  - 1 並列結合 …… 51

　　　　2　カスケード結合 ·· *53*
　　　　3　フィードバック結合 ·· *54*
4・6　ニコルス線図 ·· *54*
　　　　1　ニコルス線図の求め方 ·· *54*
　　　　2　ニコルス線図の利用法 ·· *55*
演習問題 ·· *56*

5章　安 定 性

5・1　特性方程式 ··· *57*
　　　　1　安定性とは ·· *57*
　　　　2　漸近安定性とは ·· *58*
5・2　ラウスの安定判別法 ··· *59*
　　　　1　ラウス表 ··· *59*
　　　　2　ラウス表による安定判別 ····································· *60*
5・3　フルビッツの安定判別法 ··· *61*
5・4　ナイキストの安定判別法と安定度 ······························· *62*
　　　　1　ナイキストの安定判別方法 ·································· *62*
　　　　2　ゲイン余裕 ·· *65*
　　　　3　位相余裕 ··· *65*
演習問題 ·· *66*

6章　定 常 特 性

6・1　定常偏差 ·· *67*
6・2　ステップ入力時の定常偏差 ·· *69*
6・3　ランプ入力時の定常偏差 ··· *71*
6・4　定加速度入力時の定常偏差 ·· *73*
6・5　ステップ外乱に対する定常偏差 ·································· *74*
演習問題 ·· *78*

7章　過渡特性の解析

7・1　過渡応答を用いた方法 ··· *79*
　　　　1　基礎知識 ··· *79*
　　　　2　詳しい説明 ·· *82*
7・2　周波数応答を用いた方法 ··· *87*
　　　　1　基礎知識 ··· *87*

　　　　2　詳しい説明 …………………………………………………… *90*
　演習問題 …………………………………………………………………… *92*

8章　根軌跡法

8・1　根軌跡の性質 ………………………………………………………… *93*
8・2　根軌跡の作図法 ……………………………………………………… *95*
8・3　根軌跡による制御系解析 …………………………………………… *98*
演習問題 …………………………………………………………………… *100*

9章　設　計　法

9・1　制御系の設計とは何か …………………………………………… *101*
9・2　比例制御器（Pコントローラ）…………………………………… *102*
9・3　比例積分制御器（PIコントローラ）…………………………… *107*
9・4　比例微分制御器（PDコントローラ）…………………………… *110*
9・5　比例微分積分制御器（PIDコントローラ）……………………… *113*
演習問題 …………………………………………………………………… *118*

10章　制御系の実装

10・1　アナログ回路を用いた方法 ……………………………………… *119*
　　　　1　基礎知識 …………………………………………………… *119*
　　　　2　実装例（アナログ回路）………………………………… *120*
10・2　ディジタルコンピュータを用いた方法 ………………………… *122*
　　　　1　基礎知識 …………………………………………………… *122*
　　　　2　実装例（ディジタルコンピュータ）…………………… *125*
演習問題 …………………………………………………………………… *138*

付録1　ラプラス変換 …………………………………………………… *139*
付録2　感度解析 ………………………………………………………… *143*
演習問題解答 …………………………………………………………… *145*
参　考　文　献 ………………………………………………………… *159*
索　　　　引 …………………………………………………………… *161*

1章 序　　論

　本章ではまず，代表的ないくつかの例を通して制御とは何かを学び，次に本書で取り扱う制御の特徴について，制御系の数式モデル，構成，分類などの視点から明確になるように学んでいく．

　さらに，以降の章の内容を理解するために必要な用語や信号伝達の仕方など基礎的な事項を学び，制御理論の発展の歴史をひもとくことによって，古典制御といわれる理論体系を浮き彫りにしていく．

1・1　制御とは何か

　制御（control）とは「ある目的に適合するように，対象となっているものに所要の操作を加えること」であり，**自動制御**（automatic control）とは「制御装置によって自動的に行われる制御」のことである．また，**フィードバック制御**（feedback control）とは「フィードバックによって制御量を目標値と比較し，それらを一致させるように訂正動作を行う制御」である．これらのことを，いくつかの例を通して説明する．

　（ a ）　RCヘリコプタの高度制御

　最初に，農薬散布や危険地帯での情報収集などで注目を浴びているRC（ラジオコントロール）ヘリコプタを取り上げよう．対象とするRCヘリコプタを**図1・1**に示す．上部に付いているプロペラはメインロータ（主回転翼）と呼び，このメインロータが回転して揚力を発生させて飛行する．メインロータを回転させるための動力は，エンジンの力によるものである．メインロータをエンジンの力で回転させると，その反作用（反動トルクという）で，ヘリコプタがメインロータの回転方向と逆の方向に回ってしまう．それを防ぐのが，後部に付いているテールロータ（尾部回転翼）と呼ばれる小さなプロペラである．

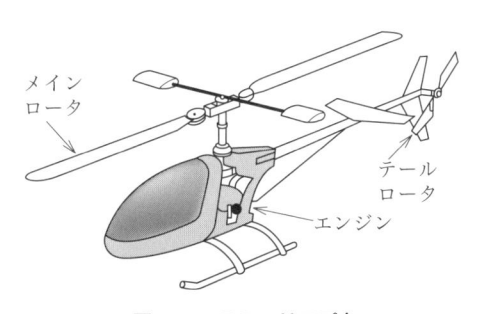

図1・1　RCヘリコプタ

ここでは，簡単のためエンジンパワーのみを操作してホバリング（地面に対して一定の高度を保って停止している状態）を実現し，反トルクや鉛直方向以外の機体の動きは除外する．つまり，RCヘリコプタを設定高度でホバリングさせるために，エンジンパワーを調整して機体の垂直方向のみ変動することにする．

エンジンパワーを調整する単純な方法は，もしRCヘリコプタが設定高度より下部に位置しているならばエンジンパワーを増加させ，もしRCヘリコプタが設定高度より上部に位置しているならばエンジンパワーを減少させればよい．このことを制御の定義に当てはめて考えてみると，次のような対応関係にあることがわかる．

- **目的**：RCヘリコプタを設定高度でホバリングさせること
- **対象となっているもの**：RCヘリコプタ
- **操作**：エンジンパワーを調整する

つまり，上述した例は制御の例であり，所要の操作を人間が行っているならば手動制御という．一方，この所要の操作を人間ではなく，自動的にエンジンパワーを調整する装置（制御装置）を用いて行うならば自動制御である．このとき，制御対象であるRCヘリコプタと制御装置を含む全システムを総称して自動制御系（automatic control system），あるいは制御システム（control system）という．

（b） 直流発電機の自動電圧調整

次に，図1・2に示した直流発電機の電圧調整を取り上げる．負荷がつながれた直流発電機が一定の回転速度で駆動しているとき，抵抗の変化などによる負荷の変動によって直流発電機の端子電圧 v にゆらぎが生じる．そこで，負荷が変動しても直流発電機の端子電圧がある希望する値を取り続けるようにすることが目的である．

直流発電機は，界磁電流 i_m を変化させることによって端子電圧を変化させることができる．すなわち，すべり抵抗 R を変化させることによって界磁電流を増加させれば端子電圧は増加し，界磁電流を減少させれば端子電圧は減少するので，希望の電圧になるようにすべり抵抗を変化させて界磁電流を調整すればよい．

このことを制御の定義に当てはめて考えてみると，次のような対応関係にあることは容易にわかる．

- **目的**：直流発電機につながれた負荷の変動にかかわらず，直流発電機の端子電圧を一定値にすること
- **対象となっているもの**：直流発電機
- **操作**：界磁電流を調整する

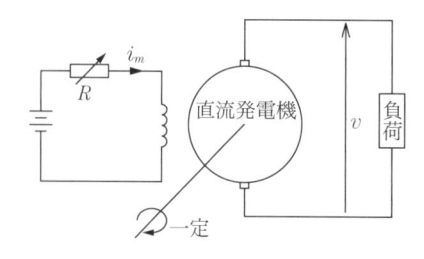

図1・2 直流発電機の手動による電圧調整

図 1·3 直流発電機の自動電圧調整

この動作を自動的に行うための一例として，**図 1·3** のような制御装置を考えてみる．つまり，界磁電流 i_m を目標電圧 v_r（すべり抵抗 R_r を変化させて実現できる）と直流発電機端子電圧 v との差 $\varepsilon = v_r - v$ の関数として $i_m = k\varepsilon$ となる増幅器を用いることによって直流発電機の自動電圧調整が可能となる．

図 1·3 を見てわかるように，操作量（界磁電流）を決定するのに制御対象（直流発電機）の出力である制御量（発電機の端子電圧）を利用しているので，信号伝達に閉ループを構成することになる．このように，信号伝達に閉ループを伴った制御系を**閉ループ制御系**（closed loop control system）という．この閉ループ制御系を，フィードバック制御系（feedback control system）と呼ぶことが多い．一方，界磁電流を決定するのに発電機の端子電圧の情報を利用しないならば，信号伝達に閉ループができないので，このような制御系を**開ループ制御系**（open loop control system）という．

1·2 制御系の構成

図 1·4 にフィードバック制御系の標準構成を示す．ブロック線図に関しては，2 章で詳しく述べる．

図中の用語などの説明を以下に示す．

(a) 信 号
- **目標値**（desired value）：制御系において，制御量がその値を取るように目

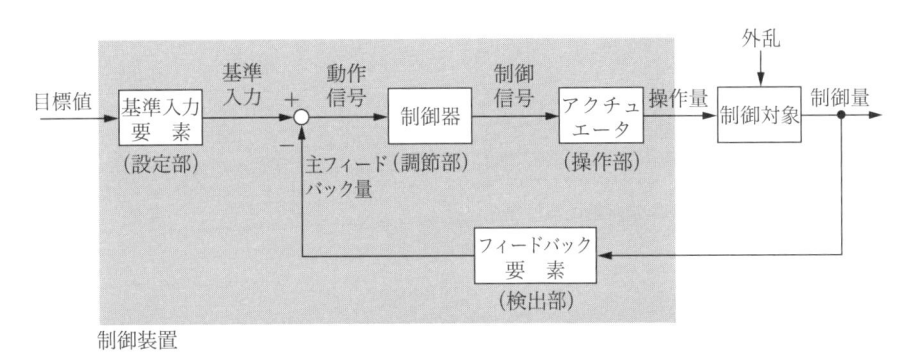

図 1·4 フィードバック制御系の標準構成

標として与えられる信号．プロセス制御では設定値という．
- **基準入力**（reference input）：制御系の閉ループに直接加えられる入力信号で，目標値に対して決まった関係を持ち，主フィードバック量がそれと比較されるもの．
- **動作信号**（actuating signal）：基準入力と主フィードバック量との差で制御系の制御動作を起こさせるもとになる信号．
- **偏差**（deviation, error signal）：目標値から制御量を引いた信号で，これを0にすることが制御の目的である．
- **操作量**（manipulated variable）：制御量を制御するために制御対象に加える信号．
- **制御量**（controlled variable）：制御対象に属する信号のうち，それを制御することが目的となっている信号．つまり，操作量によって制御される信号である．
- **主フィードバック量**（primary feedback signal）：基準入力と比較するために，制御量からそれと一定の関係を持ってフィードバックされる信号．
- **外乱**（disturbance）：制御系の状態を乱そうとする外的作用．

（b）要素
- **制御対象**（controlled object）：制御の対象となるもので，機械，プロセス，システムなどの全体あるいは一部がこれに当たる．
- **制御装置**（controller, control equipment）：制御対象に組み合わされて制御を行う装置．
- **基準入力要素**（reference input element）：目標値を基準入力に変換する要素．制御装置の中でこの部分を設定部ということもある．
- **制御器**（controller）：動作信号に基づいてアクチュエータへ送る制御信号を生成する要素．調節部ということもある．
- **アクチュエータ**（actuator）：制御器からの信号に応じて大きなエネルギーや力を発生させて操作量に変換する要素で，外部エネルギーを必要とする．操作部ということもある．理論的には，簡単化のために制御対象とアクチュエータをまとめて新しい制御対象として取り扱う場合が多い．
- **フィードバック要素**（feedback element）：制御量を主フィードバック量に変える要素で，制御装置の検出部ということもある．

参考のために，開ループ制御系の標準構成を**図 1・5**に示す．

図 1・5 開ループ制御系の標準構成

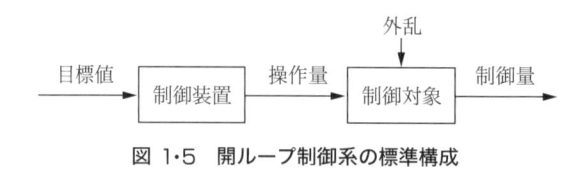

Note

フィードバック制御の歴史は古いので，昔は「信号」のことを「量」と呼んでいた．現代でもそれを踏襲して，例えば「操作信号」ではなく「操作量」のように呼んでいる．

【例題1】 直流発電機の自動電圧調整のブロック線図を書け．
【解 答】 図1・6に描くようにフィードバック制御系になっていることが確認できる．

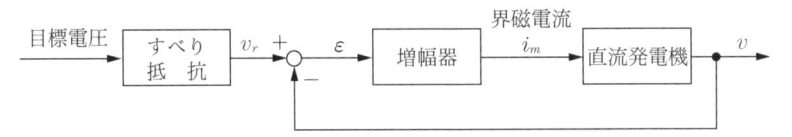

目標電圧 → すべり抵抗 → v_r → + ⊖ → ε → 増幅器 → 界磁電流 i_m → 直流発電機 → v →

図1・6 直流発電機の自動電圧調整のブロック線図

【例題2】 ガスによる炉内温度制御を行うとき，その制御対象，操作量および制御量は何か．
【解 答】 制御対象：炉，操作量：ガス流量，制御量：炉内温度
　　　　ただし注意すべき点として，もし，炉の中の二酸化炭素濃度を制御したい場合，制御量は二酸化炭素濃度に，また炉の中の湿度を制御したいならば制御量は湿度になる．このとき，もちろん操作量も制御量に合わせて変更することになる．このように，制御対象が同じでも，制御の目的が変われば制御量は変わってくる．

1・3 制御系の分類

　本書で取り扱う制御系は，**フィードバック制御系**であるという前提で制御系の解析（特性を調べること）や設計（与えられた仕様を満足するように構成すること）を行っていく．本節では，フィードバック制御が自動制御の分野でどのような位置付けになっているか，いくつかの視点から分類してみる．

（a） フィードバックの有無による分類

　　自動制御 ─┬─ フィードバック制御（閉ループ制御）
　　　　　　 └─ 開ループ制御

　制御を行うにあたって，制御対象の特性が正確にわかっており，外乱もない理想的な状況下ならば，フィードバックのない開ループ制御で十分であるといえる．
　しかし，現実には制御対象の特性が正確にはわからなかったり，未知の外乱が存在することが多い．このような条件下では，開ループ制御は全くお手上げであるが，フィードバック制御では制御量に対するこれらによる影響を減少し，制御の目的を実現することが可能である．

（b） 制御の特色による分類

　　自動制御 ─┬─ フィードバック制御
　　　　　　 ├─ フィードフォワード制御
　　　　　　 └─ シーケンス制御

　フィードフォワード制御（feedforward control）は，「外乱が直接測定可能で制御に利用できる場合には，その測定値に応じて適当な訂正動作を制御対象に加えると，外乱の影響をなくすことができる」という制御方式である．また，目標値の変化に対してもこれを検出し，適当な操作を加えて偏差を効果的に減少させることができる．これもフィードフォワード制御である．
　シーケンス制御（sequential control）は，順序制御とも呼ばれ，「あらかじめ定

められた順序に従って制御の各段階を逐次進めていく制御」である．例えば，自動洗濯機の動作を見てみると，スイッチを押せば洗濯，すすぎ，脱水と一連の操作が自動的に行われる．産業用各種製造機械や電気炊飯器などの家庭用電気製品に数多く使用されている．最近では，フィードバック制御とシーケンス制御を組み合わせた制御も提唱されている．

（c） **フィードバック制御における目標値の時間的性質による分類**

① **定値制御**：温度制御，発電機電圧調整器，速度制御のように目標値が時間的に一定である自動制御．

② **追値制御**：目標値が時間的に変化する自動制御．さらに次のように分類されている．

・**追従制御**：飛行機にレーダを自動的に追従させる場合のように目標値が任意の時間的変化をする追値制御．

・**比率制御**：アンモニア合成装置において水素と窒素との混合比率を一定にする制御のように，目標値がある他の量と一定の比率関係で変化する追値制御．

・**プログラム制御**：金属の熱処理工程のように，目標値があらかじめ定められた時間変化をする追値制御．

（d） **フィードバック制御における制御量の種類による分類**

・**プロセス制御**（process control）：温度，流量，圧力，液位などの工業プロセスの状態量を制御量とするもの．

・**サーボ機構**（servomechanism）：自動操縦，工作機械の制御のように物体の位置，方位，姿勢などの機械的変位を制御量とするもの．サーボ系とは，追従制御の行われるサーボ機構をいう．

・**自動調整**（automatic regulation）：電気量，速度，回転数などを制御量とするもの．

なお，本書で扱うフィードバック制御系は，線形時不変（linear time-invariant）な性質を有している**線形システム**（linear system）としている．ここに線形性（linear）とは**重ね合わせの理**が成り立つことであり，時不変性（time-invariant）とはシステムの特性が時間とともに変わらないことである．

> **Note**
> 一般的には，対象とするシステムは重ね合わせの理が成り立たない非線形システム(nonlinear system)が多い．そのようなときには，非線形関数を動作点の近傍でテイラー級数展開し，一次までの項で近似することによって線形化（linearization）を行っている．

> **Note**
> **重ね合わせの理**(principle of superposition)：ある入力 $u_1(t)$ のとき出力が $x_1(t)$ であり，また別の入力 $u_2(t)$ のとき出力が $x_2(t)$ であったとする．次に，入力を
> $\alpha u_1(t) + \beta u_2(t)$
> （α，β は任意定数）
> としたとき出力が
> $\alpha x_1(t) + \beta x_2(t)$
> となる性質をいう．

1・4　自動制御の歴史

以下に，自動制御の歴史の概略を年代順に示す．

1788 年	ワット（Watt, J.）が実用化した遠心調速機（遠心力を利用した回転速度の調節機）を蒸気機関の回転速度の制御に用いたのが，フィードバック制御の始まりといわれている．
1827 年	ファーレイ（Farey, J.）は，蒸気機関の不安定動作時にコントローラは何をすべきか言及した．
1868 年	マクスウェル（Maxwell, J. C.）は，フィードバック制御系の安定性の問題は特性方程式のすべての根の実部が負であればよいことを見い出した．しかし，三次の特性方程式までしか条件を求めることができず，一般的な解法は示せなかった．
1877 年	ラウス（Routh, E. J.）は，上記の問題に対して一般的な解法を与えた．これは，特性方程式の係数から安定性を調べるラウスの安定判別法として有名である．
1892 年	リアプノフ（Liapunov, A. M.）は，『運動の安定性に関する一般的問題』という論文で，非線形システムにも適用できる，まさに一般的な安定判別法を発表した．
1893 年	ストドラ（Stodola, A. B.）は，安定性の問題に対してマクスウェルと同値な条件を導くとともに，設計の問題に対しても有用な提案をしている．
1895 年	フルビッツ（Hurwitz, A.）は，ストドラの要請により，フィードバック制御系が安定であるための一般的な解法を見い出した．これは，フルビッツの安定判別法として有名である．後になって，フルビッツの安定判別法とラウスの安定判別法は，条件式の形は異なるが全く等価であることが判明した．
1932 年	ナイキスト（Nyquist, N.）は，電話器におけるフィードバック増幅器の安定性を，周波数特性に基づいて判別する方法を発表した．これは，特性方程式を用いずに，ベクトル軌跡により安定判別を行うものであり，高次のシステムに対して有効である．
1942 年	ジーグラとニコルス（Ziegler & Nichols）は，比例要素（P 要素），積分要素（I 要素），微分要素（D 要素）の三要素からなる PID 調節計（三要素をつなげるパラメータが必要）の最適パラメータを求める実用的な方法を提案した．
1948 年	エバンス（Evans, W. R.）は，開ループ伝達関数の極と零点の配置を基にして図式解法により根軌跡を描く方法を発表した．

フィードバック制御は，個別の分野で独自に発展してきた歴史を持っている（そのため，いくつもの分類名称を有している）．しかし，1930年以降の電子通信技術における周波数応答法を中心とした線形信号伝送系の理論が，フィードバック制御の共通語として有用であると認識された．エバンスの根軌跡法が発表されて，フィードバック制御理論（**古典制御理論**ともいわれる）として体系化が完了したといってよいだろう．古典制御理論の特徴をまとめると，以下のようになる．

> (1) フィードバック制御であることを前提とする．
> (2) システムは線形時不変である．
> (3) 制御要素は，入出力にのみ着目した伝達関数で表現し，内部状態は考慮しないブラックボックスとみなす．
> (4) 周波数応答法を中心とする．

1・5 制御問題

制御問題とは，実システム（real system）の数式モデル（mathematical model）（伝達関数）を作成し（**同定問題**という），その数式モデルに基づいてフィードバック制御系を構成することである．その際，ユーザの望ましい要求を満たすような操作量を生ずる制御装置を，どのように構成するかが問題となる．ユーザの望ましい要求を満たす制御装置が得られたら，それを用いて実システムに対して制御を行うのである．

例えば，回路の数式モデルは，オームの法則やファラデーの法則などのよく知られた物理法則が適用できるので，容易に数式モデルである回路方程式として求めることができる．しかし，一般的なシステムでは難しい場合が多い．本書では，数式モデルはすでに得られたものとして説明を展開していく．

以下に，古典制御理論を容易に理解するための考え方を整理しておく．

> (1) 本書はフィードバック制御系を取り上げているので，当然フィードバック制御系の特性を調べることになる．しかし，直接フィードバック制御系の特性を調べるのには，大変な労力を必要とすることが多い．そこで，もう少し楽な開ループ伝達関数（p.24参照）を調べることによって，間接的にフィードバック制御系の特性を調べるようにしている．
> (2) 時間領域の過渡特性と周波数領域の周波数特性とは，一見関係のないように見えるが，実は密接な関係にあることに注意を払う必要がある．

1・6　制御システムの設計・実装の流れと本書との対応

物をつくるときは，まず出来上がりの形を考え，次に設計により細部の寸法を決定し，材料を揃え，実際に製作に入るという順序で行われる．

制御システムの設計・製作も，これと全く同じ作業となる．ただし，制御システムの場合は，形ではなく，動きが設計の対象となる．制御システム製作のポイントをまとめると，次のようになる．

> (1) まず何を動かすかをアクチュエータ，センサも含めて決定する．
> (2) 理想の動きを考える．
> (3) 設計により，動かし方の細部を決定する．
> (4) 材料を揃えて，動きを実現するシステムの製作に入る．

ここで，機械を設計する，例えばエンジンを設計する場合は，設計仕様として回転数や出力トルク，重量，寸法などを決めるが，「動き」を設計する制御設計の場合は，設計仕様は目標値との定常偏差や行過ぎ量，整定時間，位相余裕や帯域幅と

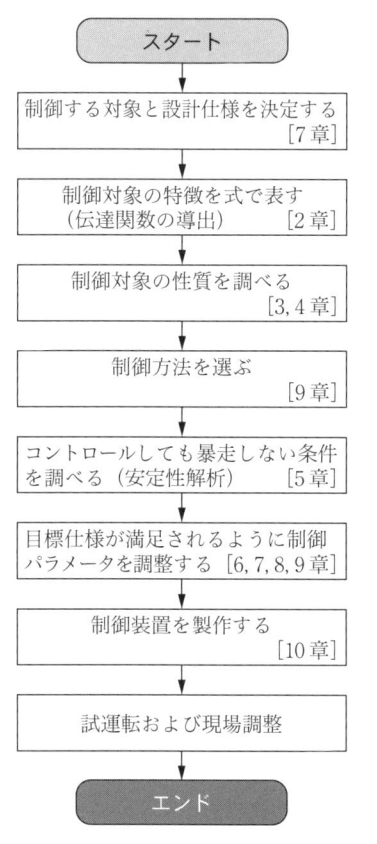

図 1・7　制御系設計・製作のフローチャートと各章との対応

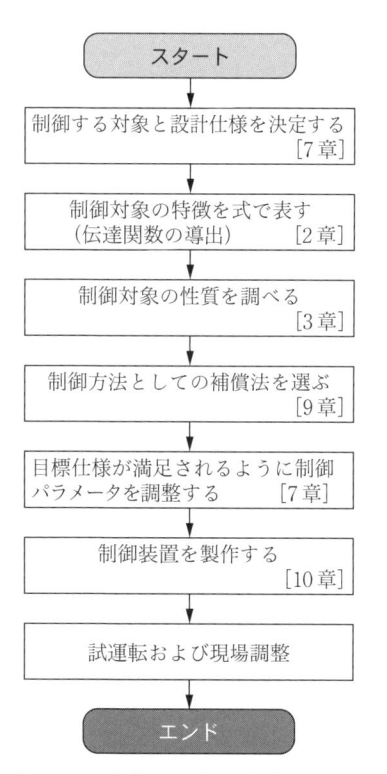

図 1・8　移動テーブルの場合のフローチャートと各章との対応

いったものになる．詳細は，本書の各章で説明されている．

このような制御システムの構築，つまり制御対象を決めて，これをコントロールするための制御系を設計し，コントローラを製作するため，一般的には**図 1・7**のような流れに沿って作業を進める．図1・7には，それぞれの作業を行うのに必要な事柄について，本書で記述されている場所も示しているので，実際にこのシーケンスに従って，必要なところを参照しながら作業を進めればよい．

しかし，一口に物をつくるといっても，ラジコンの飛行機をつくるための設計と実際のジェット機を設計するのでは，検討する項目や手間が全く異なるように，制御システムの場合もどのような規模の制御対象を，どのような精度で制御するかによって設計作業の中身が違ってくる．

例えば，メカトロニクス機器の一つとして，単に荷物を運ぶための，速度リミッタのあるテーブルの位置制御のような場合には，**図 1・8**に示すフローに沿って設計作業を行うだけでも十分である．

また，石油製品やビールなどの製造のため，化学反応過程をコントロールするような制御はプロセス制御系と呼ばれており，**図 1・9**のような作業となる場合が多い．

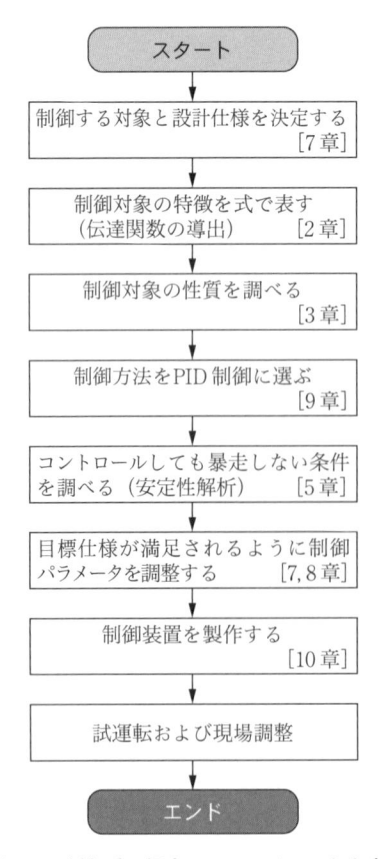

図 1・9 プロセス制御系の場合のフローチャートと各章との対応

演習問題

問 1・1 船の自動操舵を行うとき，その制御対象，操作量および制御量は何か．

問 1・2 次の電気製品をフィードバック制御にするためには，どのようなセンサを付ければよいか．
  (1) 洗濯機（目的：洗濯して衣類をきれいにすること）
  (2) 掃除機（目的：ちりを吸い取ること）
  (3) トースタ（目的：パンをこんがり狐色に焼くこと）

問 1・3 パラボラアンテナが，人工衛星の動きに合わせて自動的に動くようになっている自動制御系がある．このとき，この自動制御系の分類名称を述べよ．

問 1・4 図 1・10 は炉内温度を一定にする温度制御系である．このとき，次の各問に答えよ．

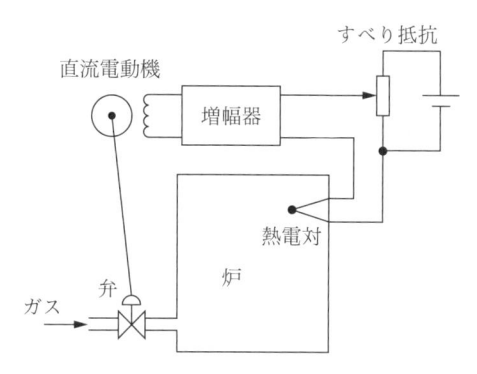

図 1・10 炉の温度制御系

(1) 図 1・10 において，次の各用語に相当するものは何か答えよ．
目標値，基準入力，動作信号，偏差，操作量，制御量，主フィードバック量
基準入力要素，制御器，アクチュエータ，制御対象，フィードバック要素

(2) 図 1・10 の炉内温度を一定にする温度制御系の分類名称を述べよ．

(3) 図 1・10 の炉内温度を一定にする温度制御系で外乱としてどのようなものが考えられるか述べよ．

2章　システムモデルと伝達関数

　制御システムを設計・解析するためには，制御される制御対象の数式モデルが必要となる．その数式モデルの作成をシステムのモデル化といい，作成されたものをシステムモデルという．制御では，制御対象にどのような入力が入ると，出力はどのようになるかが重要である．その入力から出力への因果関係を伝達関数と呼ぶ．本章では，システムのモデル化の考え方，伝達関数の定義などを学ぶ．

2・1　システムモデルの必要性と伝達関数の定義

　制御を行う際に，制御される**制御対象**の特性を十分に把握する必要がある．例えば，電子回路の応答はかなり速いが，熱流システムの応答はそれに比べると極端に遅い．また，ロボットなどの機構システムでは，機械的な振動が起きる場合がある．制御対象の特性を把握せずに制御システムを開発しても，良好な性能は期待できない．

　制御システムを設計・解析するためには，制御対象の**数式モデル**が必要となる．その数式モデルの作成をシステムのモデル化といい，作成されたものを**システムモデル** (system model) という．多くのシステムは，微分方程式を用いて記述される．しかし，制御では，制御対象にどのような**入力** (input) があると，**出力** (output) はどのようになるかが重要であり，その入出力の因果関係を表現することが大事である．そのためには，システムの数式モデルとして微分方程式を取り扱うより，s 領域で**伝達関数** (transfer function) という数式モデルを用いたほうがシステムの取扱いが簡潔で見通しが良い．このときシステムモデルは，この伝達関数の形で作成することになる．

　次に，伝達関数の定義を述べる．つまり，初期条件はすべて 0 とした場合に，出力 $y(t)$ のラプラス変換 $Y(s)$ と入力 $x(t)$ のラプラス変換 $X(s)$ との比を伝達関数 $G(s)$ という．すなわち

$$G(s) = \frac{Y(s)}{X(s)} \tag{2・1}$$

あるいは

$$Y(s) = G(s) X(s) \tag{2・2}$$

ここで，初期条件はすべて 0 とした理由を述べる．伝達関数は，入出力間の信号伝達の関係を表現するために導入したものである．そこで，もし初期値が 0 でなければ，入力と初期値に依存した出力となり，入出力間のみの信号伝達の関係を表現できないことになる．

> **Note**
> 式 (2・2) を時間領域で書けば，次のような入力とインパルス応答 $g(t)$ との畳込み積分になる．
> $$y(t) = \int_0^t x(t-\tau) \times g(\tau) d\tau$$
> ここに，$g(\tau) = \mathcal{L}^{-1}[G(s)]$ である．

伝達関数について重要な注意事項を述べる．制御される対象が同じでも，入力と出力が異なると，伝達関数は異なるものになってしまうということである．そのため，伝達関数を示す場合，何が入力で，何が出力であるかを明記する必要がある．例えば，直流電動機の場合，印加電圧を入力，回転速度を出力とする伝達関数と，同じ印加電圧を入力とするが，回転角度が出力の場合の伝達関数とは異なる．

2·2 よく用いられるラプラス変換の公式

制御システムは，通常，動的（ダイナミカル）システムであり，運動方程式（つまり微分方程式）で表される．その動的システムの特性を評価しようとすると，コンピュータでシミュレーションすることになり，簡単には評価できない．そこで，制御工学では，運動方程式を**ラプラス変換**して用いる．ラプラス変換すると運動方程式を簡単な代数方程式に変換でき，四則演算で設計・解析作業ができるようになる．付録1にラプラス変換の詳細な説明を行うが，ここではよく用いられる公式のみを簡単に説明する．初期条件はすべて0としている．ここで，t は時間，s はラプラス演算子である．ラプラス変換は，t（時間）領域から s（周波数）領域への変換である．本書では，ラプラス変換を記号 $\mathcal{L}$ で表す．

$$
\begin{aligned}
&(1)\quad u(t) \;\overset{\mathcal{L}}{\Longrightarrow}\; U(s) \quad (\text{同様に，}\; x(t) \;\overset{\mathcal{L}}{\Longrightarrow}\; X(s)) \\
&(2)\quad f(t) = a x_1(t) + b x_2(t) \;\overset{\mathcal{L}}{\Longrightarrow}\; F(s) = a X_1(s) + b X_2(s) \\
&\qquad (a, b : \text{定数}) \\
&(3)\quad f(t) = k \;\overset{\mathcal{L}}{\Longrightarrow}\; F(s) = \frac{k}{s} \quad (k : \text{定数}) \\
&(4)\quad f(t) = k\exp(-ct) \;\overset{\mathcal{L}}{\Longrightarrow}\; F(s) = \frac{k}{s+c} \quad (k, c : \text{定数}) \\
&(5)\quad f(t) = \sin(\omega t) \;\overset{\mathcal{L}}{\Longrightarrow}\; F(s) = \frac{\omega}{s^2 + \omega^2} \\
&(6)\quad f(t) = \frac{d}{dt}y(t) \;\overset{\mathcal{L}}{\Longrightarrow}\; F(s) = sY(s) \\
&(7)\quad f(t) = \int y(t)\,dt \;\overset{\mathcal{L}}{\Longrightarrow}\; F(s) = \frac{1}{s}Y(s)
\end{aligned}
\tag{2·3}
$$

(1)に示すように，ラプラス変換後は，通常，大文字にする．しかし，記号によっては，どちらも小文字あるいは大文字の場合のほうがわかりやすい場合もある．(6)は1階微分であり，s を一つのみ $X(s)$ に掛けているが，2階微分の場合は，s^2 を掛ければよい．同様に，(7)は1階の積分であるので，$1/s$ を一つのみ $X(s)$ に掛けているが，2階積分の場合は $1/s^2$ を掛ければよい．

ラプラス変換された後は代数方程式となっており，四則演算ですべて処理できるため，数式処理が容易になる．また，ラプラス変換の逆変換を逆ラプラス変換と呼ぶ．本書では，記号としては $\mathcal{L}^{-1}$ で表す．例えば

$$
y(t) \;\overset{\mathcal{L}}{\Longrightarrow}\; Y(s) \quad \text{に対して} \quad Y(s) \;\overset{\mathcal{L}^{-1}}{\Longrightarrow}\; y(t) \tag{2·4}
$$

2・3 静的システムと動的システム

入力と出力の関係には，**静的システム** (static system) と**動的システム** (dynamical system) の二つのシステムが存在する．最初に，静的システムの例として図 2・1 に示すてこを考えてみる．ここで，てこは剛体であり，また角度 θ は十分小さいものとする．

図 2・1 静的システムの例（てこ）

てこの左端を手で動かし，その変位量を $x(t)$ とすると，右端の変位量 $y(t)$ は

$$y(t) = \left(\frac{b}{a}\right)x(t) \tag{2・5}$$

となる．この場合，$x(t)$ が入力，$y(t)$ が出力，そして (b/a) が振幅比となっている．この関係は，手を遅く動かしても，速く動かしても変わらない．このように，入力と出力の振幅比が入力の速さに関係なく一定となるシステムを静的システムという．この静的システムの伝達関数を求めてみる．式(2・5)をラプラス変換して

$$Y(s) = \left(\frac{b}{a}\right)X(s) = kX(s) \tag{2・6}$$

したがって，$X(s)$ を入力，$Y(s)$ を出力とする伝達関数 $G(s)$ は

$$G(s) = \frac{Y(s)}{X(s)} = k \tag{2・7}$$

となる．

続いて，動的システムの例として，図 2・2 に示すゴムひもでゴムの水球をつるした「ヨーヨー」を考えてみる．手の動き $x(t)$ を入力，ヨーヨーの動き $y(t)$ を出力とした．ヨーヨーは，手を速く動かすか，ゆっくり動かすかによってその動きが変化する．例えば，手をゆっくり動かすと，図 2・3(a)のように水球は手とほぼ同じ動きをする．手を少し速く動かし，共振周波数付近で動かすと，図 2・3(b)のように水球の振幅は手の振幅よ

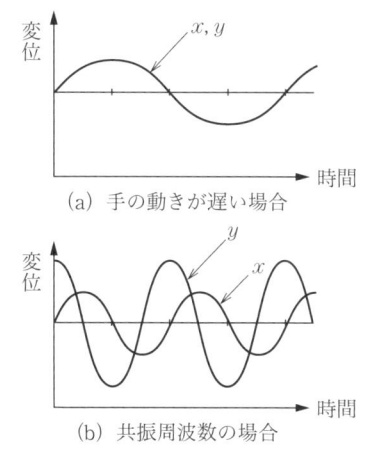

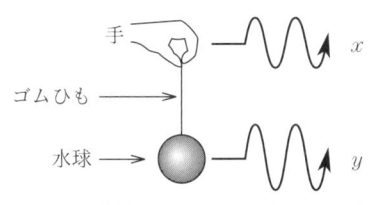

図 2・2 動的システムの例（ヨーヨー）

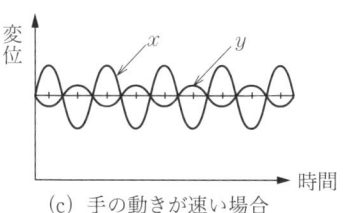

(a) 手の動きが遅い場合

(b) 共振周波数の場合

(c) 手の動きが速い場合

図 2・3 動的システム（ヨーヨー）の動き

りも大きくなる．さらに手を速く動かすと，図2·3(c)のように，水球はほとんど動かなくなる．

入力と出力の振幅比は，図2·3(a)の場合はほぼ1であり，図2·3(b)の場合は1より大きくなり，図2·3(c)の場合は1より小さくなる．このように，入力と出力の振幅比が，入力の速さに依存して変化するシステムを動的システムという．動的システムの場合，伝達関数は，単純な定数とはならずラプラス演算子sの関数となる．

2·4 動的システムの伝達関数

機械システムと電気システムの両者の例を取り上げ，動的システムの伝達関数を説明する．1階微分方程式で表されるシステムを**一次遅れ系**（first order lag system）といい，2階微分方程式で表されるシステムを**二次遅れ系**（second order lag system）という．三次以降も同様である．本章では，一次遅れ系，二次遅れ系，直流電動機系，基本的制御要素の伝達関数を取り上げる．一次遅れ系と二次遅れ系は，伝達関数の基本を理解するために取り上げた．直流電動機系は，機械システムと電気システムの結合システムの例として取り上げた．基本的制御要素は，制御システムを設計する際に用いるため取り上げた．

2·4·1 一次遅れ系

（a） 機械システムの一次遅れ系

図2·4に示すように，水槽の中で質量mの物体に手で力$f(t)$を加えて移動させる場合を考える．物体は直線状に移動するものとし，その移動速度は$v(t)$とする．また，水槽は十分に大きいものとする．力のつり合いから，運動方程式はμを粘性係数として，次の1階微分方程式で表される．

$$m\frac{d}{dt}v(t) + \mu v(t) = f(t) \qquad (2\cdot 8)$$

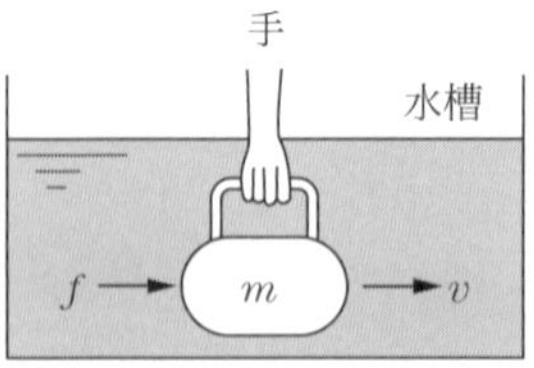

図2·4 機械システムの一次遅れ系の例

左辺の第1項は慣性項であり，第2項は粘性項である．慣性項と粘性項が加えられた力$f(t)$とつり合う形となっている．このシステムの物理的な意味を考えてみる．ある一定の力$f(t)$を手で物体に加えると，物体は速度$v(t)$で動き始める．その後，ある一定時間が経過すると定常状態となり，速度$v(t)$は一定値となる．その状態では，微分項は0であるため，$\mu v(t) = f(t)$の関係が成り立つ．つまり，力$f(t)$と速度$v(t)$は比例することがわかる．大きな力を加えると速く動き，力を弱めると遅くなる．実際に，風呂の中で何か物を動かしてみると，この現象が理解できると思う．

この機械システムの伝達関数を求めてみる．初期値を0として，式(2·8)をラプラス変換して

$$msV(s)+\mu V(s)=F(s) \tag{2·9}$$

さらに、ラプラス変換は四則演算が可能であることから、$(ms+\mu)V(s)=F(s)$ と変形できる。その結果、力 $F(s)$ を入力、速度 $V(s)$ を出力とする伝達関数 $G(s)$ は

$$G(s)=\frac{V(s)}{F(s)}=\frac{1}{ms+\mu} \quad \left(\text{あるいは、} \frac{1/\mu}{(m/\mu)s+1}\right) \tag{2·10}$$

となる。分母の s の最大次数は一次となっている。これが、一次遅れ系の特徴である。

(b) 電気システムの一次遅れ系

図 2·5 に示すような、R を抵抗、C をコンデンサとする RC 回路を考える。ここで、$v_i(t)$ を入力電圧、$v_o(t)$ を出力電圧、回路に流れる電流を $i(t)$ とする。各素子の電圧降下は、抵抗 R では

$$v_R(t)=Ri(t) \tag{2·11}$$

コンデンサ C では

$$v_C(t)=\frac{1}{C}\int i(t)\,dt \tag{2·12}$$

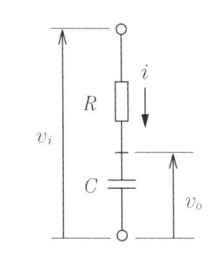

図 2·5 電気システムの一次遅れ系の例

となる。キルヒホッフの第一法則（電圧法則）から

$$\left.\begin{array}{l} v_R(t)+v_C(t)=v_i(t) \quad (\text{つまり、} Ri(t)+\frac{1}{C}\int i(t)\,dt=v_i(t)) \\ \frac{1}{C}\int i(t)\,dt=v_o(t) \end{array}\right\} \tag{2·13}$$

初期値を 0 として、ラプラス変換を行い

$$\left.\begin{array}{l} RI(s)+\frac{1}{C}\cdot\frac{1}{s}I(s)=V_i(s) \\ \frac{1}{C}\cdot\frac{1}{s}I(s)=V_o(s) \end{array}\right\} \tag{2·14}$$

したがって、$V_i(s)$ を入力、$V_o(s)$ を出力とする伝達関数 $G(s)$ は

$$G(s)=\frac{V_o(s)}{V_i(s)}=\frac{1}{(RC)s+1} \tag{2·15}$$

となる。分母の s の最大次数は一次となっている。機械システムの場合と係数が異なるだけで、同じ一次遅れ系の形であることがわかる。

2·4·2 二次遅れ系

(a) 機械システムの二次遅れ系

図 2·2 に示したヨーヨーを再度考えてみる。力学モデルとしては図 2·6 のようになり、力のつり合いから運動方程式は、k をばね定数として

$$m\frac{d^2}{dt^2}y(t)+\mu\frac{d}{dt}[y(t)-x(t)]+k[y(t)-x(t)]=0 \tag{2·16}$$

となる。左辺の第 1 項は慣性項、第 2 項は粘性項、第 3 項はばねの項である。構造上はゴムひものみでダンパはないが、実際には粘性項も存在する。初期値を 0 として、ラプラス変換を行い

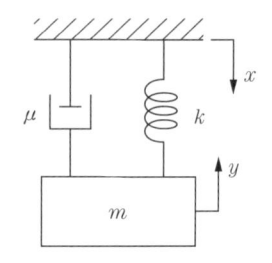

図 2・6　機械システムの二次遅れ系例1
（ヨーヨーの力学モデル）

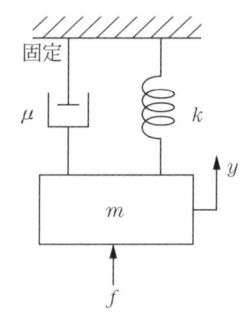

図 2・7　機械システムの二次遅れ系例2
（質量 m に力 f が働いたモデル）

$$ms^2Y(s)+\mu s[Y(s)-X(s)]+k[Y(s)-X(s)]=0 \tag{2・17}$$

$Y(s)$ と $X(s)$ を分離して

$$ms^2Y(s)+\mu sY(s)+kY(s)=\mu sX(s)+kX(s) \tag{2・18}$$

さらに

$$(ms^2+\mu s+k)Y(s)=(\mu s+k)X(s) \tag{2・19}$$

したがって，$X(s)$ を入力，$Y(s)$ を出力とする伝達関数 $G(s)$ は

$$G(s)=\frac{Y(s)}{X(s)}=\frac{\mu s+k}{ms^2+\mu s+k} \tag{2・20}$$

となる．分母の s の最大次数は二次となっており，二次遅れ系の形であることがわかる．

次に，図 2・7 に示すようにヨーヨーのモデルをさらに簡単にしたモデルを考える．このモデルでは，ゴムひもを上端で固定し，質量 m に直接に力 $f(t)$ を加えている．運動方程式は

$$m\frac{d^2}{dt^2}y(t)+\mu\frac{d}{dt}y(t)+ky(t)=f(t) \tag{2・21}$$

初期値を 0 として，ラプラス変換を行い

$$ms^2Y(s)+\mu sY(s)+kY(s)=F(s) \tag{2・22}$$

したがって，$F(s)$ を入力，$Y(s)$ を出力とする伝達関数 $G(s)$ は

$$G(s)=\frac{Y(s)}{F(s)}=\frac{1}{ms^2+\mu s+k} \tag{2・23}$$

となる．分母の s の最大次数は二次となっており，二次遅れ系の形である．図 2・6 と図 2・7 で使用した力学モデルは同じであるが，入力と出力の定義を変えると，式 (2・20) と式 (2・23) に示すように，異なる伝達関数となる．

（b）電気システムの二次遅れ系

図 2・8 に示すような，R を抵抗，L をインダクタ，C をコンデンサとする RLC 回路を考える．ここで，$v_i(t)$ を入力電圧，$v_o(t)$ を出力電圧，回路に流れる電流を $i(t)$ とする．素子の電圧降下は，インダクタ L では

$$v_L(t)=L\frac{d}{dt}i(t) \tag{2・24}$$

となる．抵抗 R とコンデンサ C の電圧降下は式 (2・11) と式 (2・12) を参照すると，キルヒホッフの第一法則（電

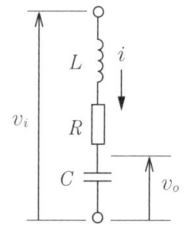

図 2・8　電気システムの二次遅れ系の例

圧法則）から

$$v_R(t) + v_C(t) + v_L(t) = v_i(t)$$

$$\left(\text{つまり,}\ Ri(t) + \frac{1}{C}\int i(t)\,dt + L\frac{d}{dt}i(t) = v_i(t)\right)$$

$$\frac{1}{C}\int i(t)\,dt = v_o(t) \qquad (2\cdot 25)$$

初期値を 0 として，ラプラス変換を行い

$$RI(s) + \frac{1}{C}\cdot\frac{1}{s}I(s) + LsI(s) = V_i(s)$$

$$\frac{1}{C}\cdot\frac{1}{s}I(s) = V_o(s) \qquad (2\cdot 26)$$

したがって，$V_i(s)$ を入力，$V_o(s)$ を出力とする伝達関数 $G(s)$ は

$$G(s) = \frac{V_o(s)}{V_i(s)} = \frac{1}{(LC)s^2 + (RC)s + 1} \qquad (2\cdot 27)$$

となる．分母の s の最大次数は二次となっており，二次遅れ系の形であることがわかる．

2・4・3 直流電動機系

機械システムと電気システムを結合したシステムの例として，直流電動機系の伝達関数を求める．最初に，直流電動機の原理を説明する．

① **電磁力の発生**：永久磁石で磁界をつくり，その磁界中に導線を置く．その導線に電流を流すと，フレミングの左手の法則で，導線は電磁力を受け，直線的に動き出す．

② **回転力の発生**：導線の直線的な運動を回転運動に変換するために，1 回巻きのコイルとする．直流電動機の発生トルクは，原理的に電流に比例する．

③ **回転運動の持続**：1 回巻きのコイルが回転運動を続けられるように，ブラシと整流子で電圧の方向を切り換える．

④ **トルク脈動の少ない回転の実現**：なめらかな回転を得るため，コイルを多数巻きとする．同じ電流の場合，発生トルクは，原理的に巻数に比例する．

⑤ **逆起電力の発生**：直流電動機は，端子にある電圧を加えると回転が上昇し，ある一定の回転数になるとそれ以上は回転数が上昇しない．その理由を説明する．磁界中で，導線を運動させると，導線にはフレミングの右手の法則で，逆起電力が発生する．逆起電力は，原理的に，回転速度に比例する．印加した電圧と逆起電力の電圧が等しくなると，回転は上昇しなくなる．

図 2・9 に直流電動機の等価回路を示す．ここで

v_i：直流電動機の端子電圧

R, L：電機子（ロータ）の抵抗，インダクタ

i：電機子電流

θ, ω：直流電動機の回転角度，回転速度

T_m：発生トルク

v_{bef}：逆起電力

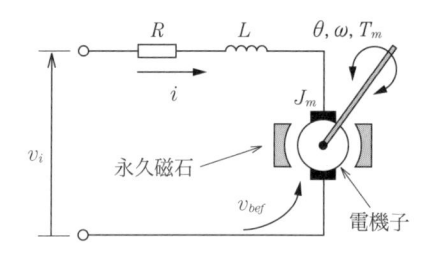

図 2・9　直流電動機の等価回路

J_m：電機子の慣性モーメント

このとき，直流電動機について次の関係式が成り立つ．

電圧方程式　　$v_i(t) - v_{bef}(t) = L\dfrac{d}{dt}i(t) + Ri(t)$ (2・28)

逆起電力　　$v_{bef}(t) = K_{bef}\,\omega(t)$ (2・29)

運動方程式　　$J_m\dfrac{d}{dt}\omega(t) = T_m(t)$　$\left(あるいは，J_m\dfrac{d^2}{dt^2}\theta(t) = T_m(t)\right)$

(2・30)

発生トルク　　$T_m(t) = K_t i(t)$ (2・31)

ここで，K_{bef} は逆起電力定数，K_t はトルク定数である．式(2・28)は電気系のみの関係式，式(2・30)は機械系のみの関係式，式(2・29)は機械⇒電気の変換式，式(2・31)は電気⇒機械の変換式を表している．初期値を0として，ラプラス変換を行い

$V_i(s) - V_{bef}(s) = LsI(s) + RI(s)$ (2・32)

$V_{bef}(s) = K_{bef}\,\Omega(s)$ (2・33)

$J_m s\,\Omega(s) = T_m(s)$　（あるいは，$J_m s^2\Theta(s) = T_m(s)$） (2・34)

$T_m(s) = K_t I(s)$ (2・35)

式(2・33)を式(2・32)に，式(2・35)を式(2・34)に代入し

$V_i(s) - K_{bef}\,\Omega(s) = LsI(s) + RI(s)$ (2・36)

$J_m s\,\Omega(s) = K_t I(s)$　（あるいは，$J_m s^2\Theta(s) = K_t I(s)$） (2・37)

式(2・36)と式(2・37)から $I(s)$ を消去すると

$V_i(s) = \left[\dfrac{LJ_m}{K_t}s^2 + \dfrac{J_m R}{K_t}s + K_{bef}\right]\Omega(s)$ (2・38)

となる．したがって，$V_i(s)$ を入力，$\Omega(s)$ を出力とする伝達関数 $G(s)$ は

$$G(s) = \dfrac{\Omega(s)}{V_i(s)} = \dfrac{\dfrac{1}{K_{bef}}}{\left(\dfrac{LJ_m}{K_t K_{bef}}\right)s^2 + \left(\dfrac{J_m R}{K_t K_{bef}}\right)s + 1}$$ (2・39)

となる．分母に s^2 項があり，直流電動機系も印加電圧から回転速度までの伝達関数は二次遅れ系の形であることがわかる．

2・4・4　基本的制御要素

これまで，制御される側，つまり制御対象の伝達関数を求めた．今度は，制御す

る側である制御要素の伝達関数を求める．古典制御では，よく **PID 制御要素**が用いられる．P は Proportional, I は Integral, D は Derivative の頭文字であり，それぞれ，比例，積分，微分を意味している．

（a） P 要素

入力を比例倍して出力する制御要素である．入力を $u(t)$，出力を $x(t)$ とすると，次の関係式で表される．

$$x(t) = K_P u(t) \tag{2・40}$$

ラプラス変換して

$$X(s) = K_P U(s) \tag{2・41}$$

したがって，$U(s)$ を入力，$X(s)$ を出力とする伝達関数 $G(s)$ は

$$G(s) = \frac{X(s)}{U(s)} = K_P \tag{2・43}$$

となる．ここで，K_P は比例ゲインと呼ばれる．

（b） I 要素

入力を積分して出力する制御要素である．入力を $u(t)$，出力を $x(t)$ とすると，次の関係式で表される．

$$x(t) = K_I \int u(t)\, dt \tag{2・44}$$

ラプラス変換して

$$X(s) = K_I \frac{1}{s} U(s) \tag{2・45}$$

したがって，$U(s)$ を入力，$X(s)$ を出力とする伝達関数 $G(s)$ は

$$G(s) = \frac{X(s)}{U(s)} = K_I \frac{1}{s} \tag{2・46}$$

となる．ここで，K_I は積分ゲインと呼ばれる．

（c） D 要素

入力を微分して出力する制御要素である．入力を $u(t)$，出力を $x(t)$ とすると，次の関係式で表される．

$$x(t) = K_D \frac{d}{dt} u(t) \tag{2・47}$$

ラプラス変換して

$$X(s) = K_D s U(s) \tag{2・48}$$

したがって，$U(s)$ を入力，$X(s)$ を出力とする伝達関数 $G(s)$ は

$$G(s) = \frac{X(s)}{U(s)} = K_D s \tag{2・49}$$

となる．ここで，K_D は微分ゲインと呼ばれる．

（d） PI 要素

P 要素と I 要素を組み合わせた要素である．$U(s)$ を入力，$X(s)$ を出力とする伝達関数 $G(s)$ は

$$G(s) = \frac{X(s)}{U(s)} = K_P + K_I \frac{1}{s} \tag{2・50}$$

となる．

Note

システムの入出力間の微分方程式が得られている場合に，伝達関数を求める手順を整理しておく．

(1) すべての初期値を0として，微分方程式をラプラス変換する
(2) ラプラス変換した入力信号，出力信号以外の変数を消去する
(3) ラプラス変換した入力信号，出力信号の比を求める

（e） PID 要素

P 要素，I 要素，D 要素を組み合わせた要素である．$U(s)$ を入力，$X(s)$ を出力とする伝達関数 $G(s)$ は

$$G(s) = \frac{X(s)}{U(s)} = K_P + K_I \frac{1}{s} + K_D s \tag{2・51}$$

となる．

2・5 ブロック線図

制御システムの信号または情報の伝達の状況を図的に表すために，**ブロック線図**（block diagram）が使われる．ブロック線図を用いると，システムの構成が直感的に把握しやすくなる．また，複雑な伝達関数も求めやすくなる．

2・5・1 ブロック線図を用いた伝達関数の表現方法

伝達関数を四角の枠で囲んだものをブロックという．信号の流れは，ブロックに入る矢印と出る矢印を用いて表す．一つのブロックには一方向の 1 組の信号が対応する．例えば，入力を $X(s)$，出力を $Y(s)$，伝達関数を $G(s)$ とすると，**図 2・10**(a)のように表される．

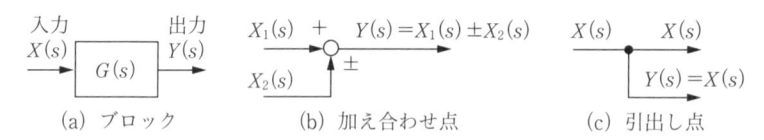

図 2・10 ブロックおよびブロック接続要素

いくつかのブロックを信号線で結んでできる図をブロック線図という．ブロック線図の接続には，図 2・10 に示すように，(b)加え合わせ点，(c)引き出し点を用いる．加え合わせ点は，式で表すと $Y(s) = X_1(s) \pm X_2(s)$ となる．中抜きの丸を用いていること，加え合わせる信号に"＋"または"－"の符号を付けて，加算か減算かを明確にすることに注意が必要である．引出し点は，どこで引き出しても信号の値は同じである．塗りつぶした丸を用いていることに注意が必要である．

2・5・2 ブロック線図の等価変換

ブロック線図は，ブロック，信号線，加え合わせ点，引出し点を用いて描かれる．描かれたブロック線図は，物理的な意味を変更せずに，さらに変換できる．これをブロック線図の等価変換という．例えば，数個のブロックを用いて表していたシステムを一つのブロックで表すなど，目的に応じてブロック線図を変更する．

以下に，基本的な等価変換の方法を説明する．

> **Note**
> **ブロック線図の原則**
> ・信号は必ず矢印の向きに伝わり，その逆方向には伝わらない一方通行である．
> ・信号は，分岐しても同じ信号が伝わっていく．

2・5 ブロック線図

（a） 直列接続（cascade connection）

図 2・11 に直列接続を示す．直列接続の場合，伝達関数の積となっている．この場合は 2 個の接続であるが，多数のブロックを接続してもよい．図 2・11(a) を等価変換すると，図 2・11(b) となる．

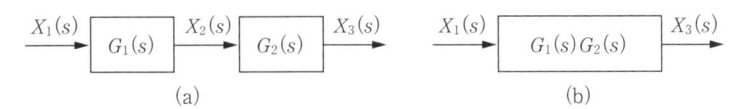

図 2・11　直列接続の等価変換

（b） 並列接続（parallel connection）

図 2・12 に並列接続を示す．図の関係から

$$A(s) = G_1(s) X(s)$$
$$B(s) = G_2(s) X(s)$$
$$Y(s) = A(s) \pm B(s) = (G_1(s) \pm G_2(s)) X(s)$$
(2・52)

である．単純に加算あるいは減算していることがわかる．図 2・12(a) を等価変換すると，図 2・12(b) となる．

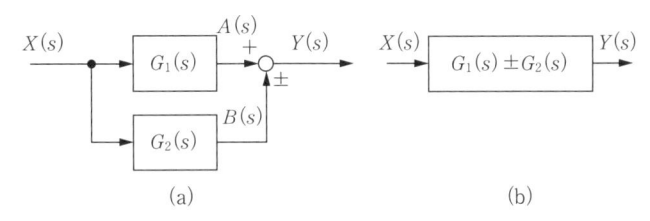

図 2・12　並列接続変換の等価変換

（c） フィードバック接続（feedback connection）

図 2・13 にフィードバック接続を示す．ただし，この場合は，負（ネガティブ）フィードバックとしている．

図 2・13(a) から

$$Y(s) = G(s) E(s)$$
$$E(s) = X(s) - A(s)$$
$$A(s) = H(s) Y(s)$$
(2・53)

である．これから $A(s)$，$E(s)$ を消去すると

$$W(s) = \frac{Y(s)}{X(s)} = \frac{G(s)}{1 + G(s) H(s)}$$
(2・54)

が得られる．したがって，図 2・13(a) を等価変換すると，図 2・13(b) となる．ここで

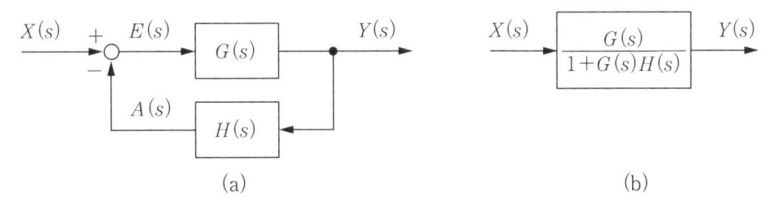

図 2・13　フィードバック接続（負フィードバック）の等価変換

$G(s)$：前向き伝達関数

$H(s)$：フィードバックループの伝達関数

$G(s)H(s)$：開ループ伝達関数（open-loop transfer function）あるいは一巡伝達関数（loop transfer function）

$\dfrac{G(s)}{1+G(s)H(s)}$：閉ループ伝達関数（closed-loop transfer function）

という．また，$H(s)=1$のとき，直結フィードバック系あるいは単一フィードバック系という．

（d） 二重フィードバック接続

図 **2・14** に二重フィードバック接続の例を示す．この場合は，内側のループを図2・13の関係を用いて一つのブロックとし，続いて外側のループをまた図2・13の関係を用いて一つのブロックとすればよい．三重フィードバック接続以降も同様にして求められる．

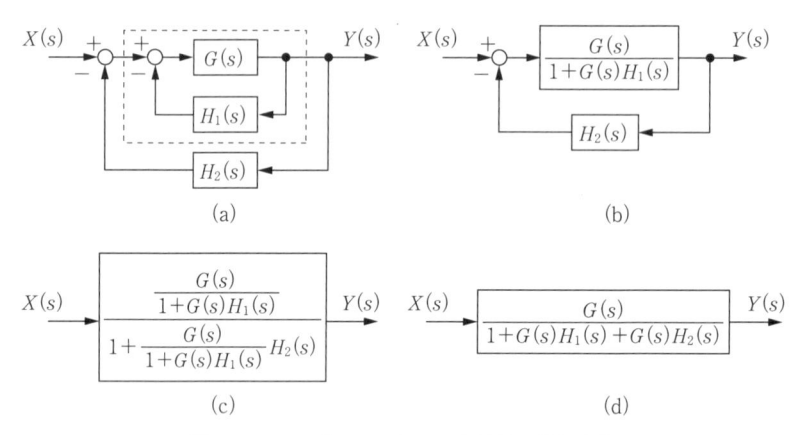

図 2・14 二重フィードバック接続の等価変換

2・5・3　一次遅れ系のブロック線図

式(2・10)に示した一次遅れ系のブロック線図は，図 **2・15** となる．図2・15(a)から

$$\left. \begin{array}{l} E(s)=\left(\dfrac{1}{m}\right)F(s)-\left(\dfrac{\mu}{m}\right)V(s) \\ V(s)=\left(\dfrac{1}{s}\right)E(s) \end{array} \right\} \quad (2\cdot55)$$

の関係が得られる．これから$E(s)$を消去すると

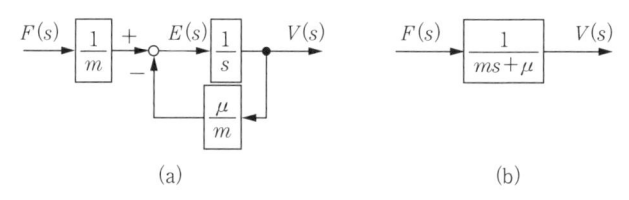

図 2・15 一次遅れ系のブロック線図

$$G(s)=\frac{V(s)}{F(s)}=\frac{1}{ms+\mu} \tag{2・56}$$

となり，式(2・10)と等価であることがわかる．図2・15(a)を等価変換すると，図2・15(b)となる．

2・5・4 二次遅れ系のブロック線図

式(2・23)に示した二次遅れ系のブロック線図は，**図2・16** となる．図2・16(a)から

$$\left.\begin{aligned} E(s) &= \left(\frac{1}{m}\right)F(s)-\left(\frac{\mu}{m}\right)V(s)-\left(\frac{k}{m}\right)Y(s) \\ V(s) &= \left(\frac{1}{s}\right)E(s) \\ Y(s) &= \left(\frac{1}{s}\right)V(s) \end{aligned}\right\} \tag{2・57}$$

の関係が得られる．これから $E(s)$，$V(s)$ を消去すると

$$G(s)=\frac{Y(s)}{F(s)}=\frac{1}{ms^2+\mu s+k} \tag{2・58}$$

となり，式(2・23)と等価であることがわかる．図2・16(a)を等価変換すると，図2・16(b)となる．

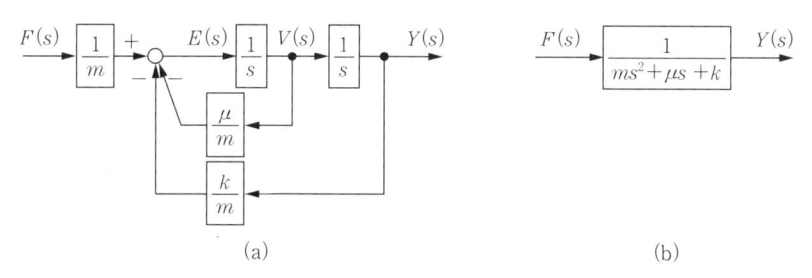

図 2・16 二次遅れ系のブロック線図

2・5・5 直流電動機系のブロック線図

式(2・32)〜(2・35)に示したラプラス変換後の直流電動機系の関係式をそれぞれブロック線図にすると，**図2・17** となる．ただし

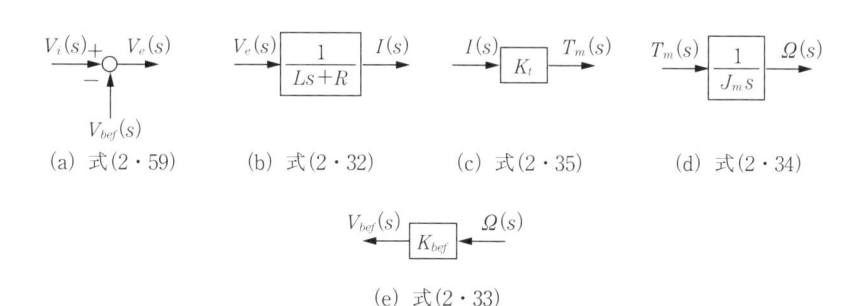

図 2・17 直流電動機系の各式のブロック線図

2章 システムモデルと伝達関数

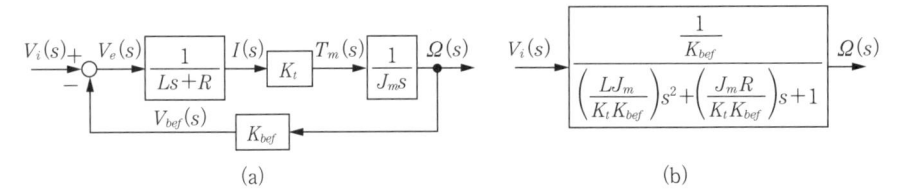

図 2·18 直流電動機系の統合後のブロック線図

$$V_e(s) = V_i(s) - V_{bef}(s) \tag{2·59}$$

とした．各ブロックを統合すると，**図 2·18**(a) のようになる．さらに，図 2·18(a) を等価変換すると，図 2·18(b) となる．

2·5·6 基本的制御要素のブロック線図

P 要素（式(2·43)），I 要素（式(2·46)），D 要素（式(2·49)），PI 要素（式(2·50)），PID 要素（式(2·51)）のブロック線図は，それぞれ**図 2·19**(a)，(b)，(c)，(d)，(e) となる．

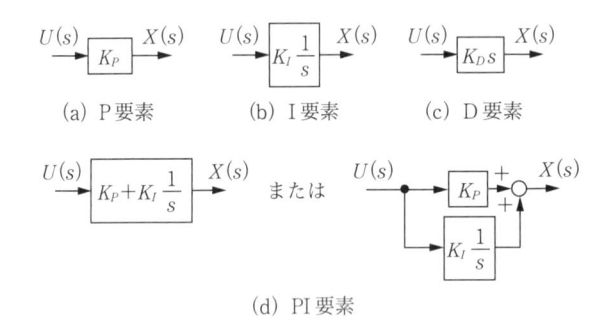

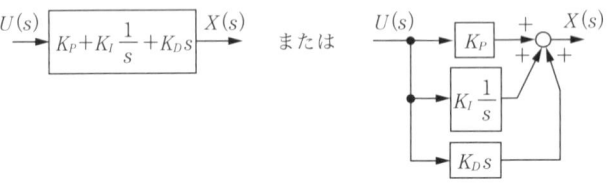

(a) P 要素　　(b) I 要素　　(c) D 要素

(d) PI 要素

(e) PID 要素

図 2·19 基本的制御要素のブロック線図

2·5·7 フィードバック制御のブロック線図

図 2·16 に示した二次遅れ系の伝達関数を例として取り上げて，フィードバック制御のブロック線図を考えてみる．制御則には簡単な比例制御（P 制御）を用い，制御システムのハードウェアは**図 2·20** とした．変位の検出にはセンサを，力の発生にはパワーアンプと電磁石を使用した．検出した変位 $y(t)$ と目標値 $y_0(t)$ との差を演算し，P 制御の制御ゲイン K_P で増幅している．電磁石で駆動することにより，現在値 $y(t)$ を目標値 $y_0(t)$ へと収束させる．フィードバック制御のブロック線

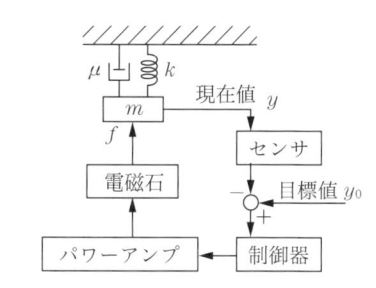

図 2·20 制御システムのハードウェア例

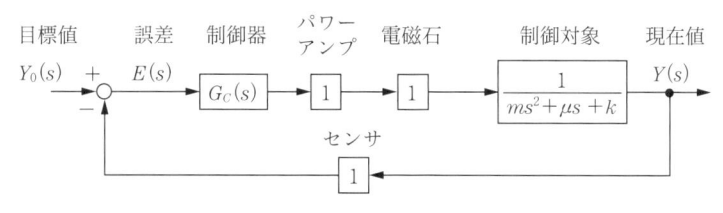

図 2·21 制御システムのブロック線図

図は，**図 2·21** となる．ただし，センサ，パワーアンプ，電磁石の伝達関数は 1 とした．

システム全体の伝達関数を求めてみる．式(2·43)から，P 制御を用いた制御器の伝達関数は

$$G_C(s) = K_P \tag{2·60}$$

であることから，等価変換を行うと，$Y_0(s)$ から $Y(s)$ までのシステム全体の伝達関数は

$$G(s) = \frac{Y(s)}{Y_0(s)} = \frac{1}{\left(\dfrac{m}{K_P}\right)s^2 + \left(\dfrac{\mu}{K_P}\right)s + \left(\dfrac{k}{K_P}+1\right)} \tag{2·61}$$

となる．最初に定常特性を考察する．s^2 と s の項を 0 とし，微分項を省略すると，式(2·61)から $Y_0(s)$ と $Y(s)$ の関係は

$$\left(\frac{k}{K_P}+1\right)Y(s) = Y_0(s) \tag{2·62}$$

となる．この式から，現在値 $Y(s)$ を目標値 $Y_0(s)$ に一致させるためには，$K_P \Rightarrow \infty$ にすればよいことがわかる．物理現象的には，制御の力でばねを押して目標値まで移動させている．次に，過渡特性を考察する．式(2·61)の s^2 と s の係数は，(m/K_P)，(μ/K_P) となっている．制御ゲイン K_P を大きくすることで，(m/K_P) と (μ/K_P) を小さくでき，過渡応答を速められることがわかる．つまり，定常特性も過渡応答も，制御ゲイン K_P を大きくすることで，制御性能を向上できることになる．しかし，実際にはハードウェア上の制限があり，極端に大きな制御ゲインは使えない．また，ハードウェア上の制限内であっても，制御ゲインを上げていくと制御システムの安定性が悪くなり，最悪の場合は発振する．これらのことについては，過渡特性，安定性，設計法などの項目で詳細に説明する．

> **クレオパトラの国における積分**
>
> クレオパトラで有名な古代エジプトのお話である．大河は洪水によって上流の肥よくな土を運んでくれるため農耕が発達し，大河流域に四大文明が栄えた．古代エジプトも，ナイル川の恩恵を受け長い歴史を有した．
>
> 肥よくな土を運んでくれる洪水ではあったが，ひとたび洪水になると，川の流れがそっくり変化してしまい，耕地に使っていた川原の形は想像もできなくなる．税を公平に取り立てるためには，再度公平に土地を分けなければならない．そのため，耕地の面積を求める必要が生じた．これには，ロープを張ることにより，適当な大きさの正方形で求めたい面積の部分を埋めていく方法もとられたようである．この考え方は積分の基礎となっている．
>
> 制御工学においても積分は重要であり，多くのメカトロ機器あるいはロボットに積分要素が用いられている．今日のハイテクは，古代の人々の知恵と経験で支えられている[9),10)]．

演習問題

問 2・1 $f(t) = k\exp(-ct)$ の初期値を 0 としたラプラス変換が $F(s) = k/(s+c)$ となることをラプラス変換の公式を用いて証明せよ．ただし，k と c は定数とする．

問 2・2 図 2・2 に示した実験を行い，手の動き（入力）とヨーヨーの動き（出力）の関係を考察せよ．実験の方法は，各自工夫すること．例えば，電池を輪ゴムでつるしてもよい．

問 2・3 図 2・4 に示した実験を行い，水中の物体の力と速度の関係を考察せよ．実験の方法は，各自工夫すること．例えば，ペットボトルに水を入れ，その口に糸をつけてばねばかりで引く方式もある．

問 2・4 模型用の直流電動機を用いて，式 (2・29) に示した逆起電力の実験を行い，回転速度と発電電圧の関係を考察せよ．実験の方法は，各自工夫すること．例えば，直流電動機の軸を高速で回転させられるようにギヤとリンクを付け，直流電動機へは豆電球を配線する．

問 2・5 図 2・22 に示すブロック線図を等価変換し，一つのブロックにせよ．図 2・22 は図 2・21 に示した制御システムの制御器を P 制御から PID 制御に変更した制御システムである．

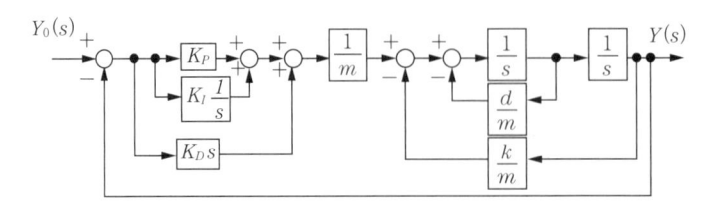

図 2・22

演習問題

問 2·6 直流電動機の基礎式(2·28)〜(2·31)について，次の各問に答えよ．
   (1) インダクタを0として各式をラプラス変換せよ．また，その各式および式(2·59)のブロック線図を描け．
   (2) 各式のブロック線図を統合した図を作成せよ．また，等価変換を行い，一つのブロックとせよ．

問 2·7 図2·21で示した制御システムでは，制御器として比例制御を用いている．このシステムについて，次の各問に答えよ．
   (1) 制御器を積分制御に変更し，ブロック線図を作成せよ．
   (2) システム全体の伝達関数を求めよ．
   (3) 定常特性を考察せよ．

3章 過 渡 応 答

　動的あるいは静的なシステムに，ある入力信号を加えた場合を考える．時間の経過とともに，要素やシステムには変化が現れるが，その変化を外部に取り出したものを応答と呼ぶ．応答は入力の種類によって過渡応答と周波数応答に分けることができる．本章ではこのうち，入力信号を加えた直後の，システムのエネルギー分布が変化している状態である過渡状態における応答である，過渡応答について述べる．

3・1　過渡応答とは

　システムに入力を加えると，ある時点までは複雑な応答（response）を示す．これは入力を加えたことでシステムのエネルギー分布に変化が生じたためで，この状態を**過渡状態**（transient state）と呼び，その間の応答を**過渡応答**（transient response）と呼ぶ．なお，十分長い時間が経過すると，応答は入力信号に応じて一定値，あるいは周期的な動きをするようになる．これはエネルギーの変化が収束して，安定な状態となったためである．この状態を**定常状態**（steady state），応答を**定常応答**（steady state response）と呼ぶ．

　制御系を設計するには，**制御対象**（システム）の特性を知る必要があり，それには，過渡応答を利用するのが良い．制御対象に変化（入力信号）を与えたときの反応から，特性がわかるためである．一般的に用いる規則的な入力信号としては

① インパルス入力
② ステップ入力
③ ランプ入力

の 3 種類がある．これらの中でも特に，ステップ入力とインパルス入力を利用することが多い．これら 3 種類の入力信号を**図 3・1**(a)～(c)に示す．

　図 3・2 に示すように，伝達関数が $G(s)$ である制御対象に入力 $U(s)$ を加えたときの出力 $Y(s)$ は

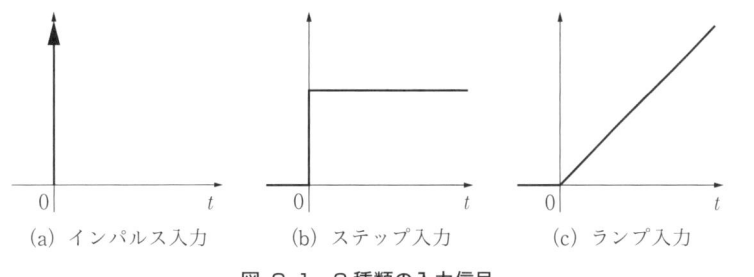

(a) インパルス入力　　(b) ステップ入力　　(c) ランプ入力

図 3・1　3 種類の入力信号

Note
インパルス入力の積分がステップ入力，ステップ入力の積分がランプ入力となっている．確認してみよう．

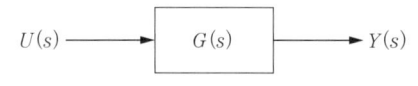

$$U(s) \longrightarrow \boxed{G(s)} \longrightarrow Y(s)$$

図 3・2　入力と応答（出力）

$$Y(s) = G(s)\,U(s) \tag{3・1}$$

であるから，時間領域での応答 $y(t)$ は式(3・1)の逆ラプラス変換によって

$$y(t) = \mathcal{L}^{-1}\{G(s)\,U(s)\} = \int_0^t g(t-\tau)\,u(\tau)\,d\tau \tag{3・2}$$

のように，畳込み積分で求めることができる．

3・1・1　インパルス応答

図 3・1(a)に示すインパルス入力を加えたときの応答（出力）を，**インパルス応答**（impulse response）という．インパルスは別名，**デルタ関数**（delta function）といい $\delta(t)$ で表す．

$$\delta(t) = \begin{cases} \infty & t=0 \\ 0 & t \neq 0 \end{cases} \quad \text{ただし} \quad \int_{-\infty}^{\infty} \delta(t)\,dt = 1 \tag{3・3}$$

デルタ関数の定義は通常の関数の概念とは異なるものであり，実用的には**図 3・3** の単位インパルス $\delta_K(t)$ を利用するのが一般的である．これを式で表すと式(3・4)となる．

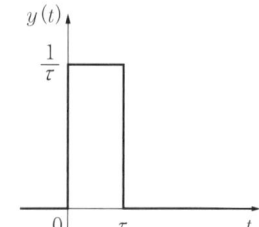

$$\delta_K(t) = \begin{cases} \dfrac{1}{\tau} & 0 \leq t \leq \tau \\ 0 & t<0,\ \tau<t \end{cases} \tag{3・4}$$

図 3・3　単位インパルス

デルタ関数は単位インパルスで $\tau \to 0$ としたときの極限とみなせる．いずれにせよ，インパルス入力のラプラス変換は

$$D(s) = \mathcal{L}\{\delta(t)\} = \int_0^{\infty} e^{-st} \cdot \delta(t)\,dt = 1 \tag{3・5}$$

となるため，任意の制御対象 $G(s)$ に対するインパルス応答は式(3・1)から

$$Y(s) = G(s) \cdot 1 = G(s) \tag{3・6}$$

逆ラプラス変換して式(3・7)を得る．

$$y(t) = \mathcal{L}^{-1}\{G(s)\} = g(t) \tag{3・7}$$

つまり，インパルス応答は制御対象の伝達特性を表していることがわかる．このことを利用すると，インパルス応答 $g(t)$ がわかっていれば式(3・2)により，任意の入力に対する応答を求めることが可能となる．

3・1・2　ステップ応答

図 3・1(b) に示すステップ入力を加えたときの応答（出力）を，**ステップ応答**（step response）あるいは**インディシャル応答**（indicial response）という．ステップ入力関数は $u(t)$ または $1(t)$ などと表し

> **Note**
> デルタ関数は，正式には超関数と呼ばれる．

$$u(t)=\begin{cases} 1 & t\geq 0 \\ 0 & t<0 \end{cases} \quad (3\cdot 8)$$

であるため，ラプラス変換すると

$$U(s)=\mathcal{L}\{u(t)\}=\int_0^\infty e^{-st}\cdot 1 dt=\frac{1}{s} \quad (3\cdot 9)$$

のようになる．よって，任意の制御対象 $G(s)$ に対するステップ応答は式 (3·1) から

$$Y(s)=G(s)\cdot\frac{1}{s}=\frac{G(s)}{s} \quad (3\cdot 10)$$

で求まる．$Y(s)$ を逆ラプラス変換すれば $y(t)$ が得られる．なお，正確には図 3·4 で表されるような，式 (3·8) の $u(t)$ を単位ステップ関数，$t\geq 0$ での大きさが異なる $a\cdot u(t)$ をステップ関数のように区別して表現する．

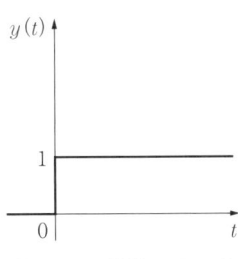

図 3·4 単位ステップ関数

3·1·3 ランプ応答

図 3·1(c) に示すランプ入力を加えたときの応答（出力）を，**ランプ応答**（lamp response）という．ランプ入力関数 $f(t)=t$ であるから

$$F(s)=\mathcal{L}\{f(t)\}=\int_0^\infty e^{-st}\cdot t dt=\frac{1}{s^2} \quad (3\cdot 11)$$

となり，任意の制御対象 $G(s)$ に対するランプ応答は式 (3·1) から

$$Y(s)=G(s)\cdot\frac{1}{s^2}=\frac{G(s)}{s^2} \quad (3\cdot 12)$$

である．$Y(s)$ を逆ラプラス変換すれば $y(t)$ が得られる．

3·2 基本要素の過渡応答

3·2·1 PID 各要素

以下に，P（比例），I（積分），D（微分）の各要素に対するステップ応答について述べる．

（a） 比例要素

比例要素では $G(s)=K$ なので，式 (3·10) より

$$Y(s)=K\cdot\frac{1}{s}=\frac{K}{s} \qquad y(t)=\mathcal{L}^{-1}\left\{\frac{K}{s}\right\}=Ku(t) \quad (3\cdot 13)$$

となる．図 3·5(a) に表すように，比例要素に対するステップ応答は入力を K 倍した一定値である．$t=0$ で入力が加わると同時に，出力が得られる点に特徴がある．

（b） 積分要素

積分要素は積分時間を T_I として $G(s)=1/T_I s$ と表されるので，式 (3·10) より

$$Y(s)=\frac{1}{T_I s}\cdot\frac{1}{s}=\frac{1}{T_I s^2} \qquad y(t)=\mathcal{L}^{-1}\left\{\frac{1}{T_I s^2}\right\}=\frac{1}{T_I}t \quad (3\cdot 14)$$

> **Note**
> 式 (2·46) の積分ゲイン K_I と式 (3·14) の積分時間 T_I とは
> $$K_I=\frac{1}{T_I}$$
> の関係がある．

(a) 比例要素	(b) 積分要素	(c) 微分要素

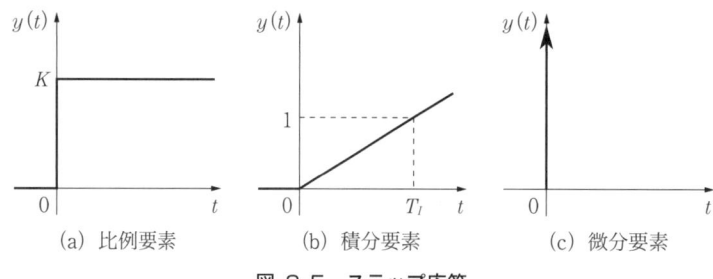

図 3・5　ステップ応答

となる．図 3・5 (b) に表すように，積分要素に対するステップ応答は傾きが $1/T_I$ のランプ関数となる．入力信号を時刻 t まで積分したもの（つまり時刻 t までの面積）の $1/T_I$ 倍が出力となる．積分要素と呼ばれるゆえんである．

（ c ） 微分要素

微分要素は微分時間を T_D として $G(s)=T_D s$ と表されるので，式(3・10)より

$$Y(s) = T_D s \cdot \frac{1}{s} = T_D \qquad y(t) = \mathcal{L}^{-1}\{T_D\} = T_D \delta(t) \qquad (3\cdot15)$$

となる．図 3・5 (c) に表すように，微分要素に対するステップ応答は $t=0$ でのインパルス関数となる．これは，入力信号の変化量（つまり微分値）を表している．微分要素と呼ばれるゆえんである．

> **Note**
> 厳密な微分要素をつくることはできないので，実際には近似微分要素
> $$G(s) = \frac{Ts}{1+Ts}$$
> が用いられるのが普通である．

3・2・2　一次遅れ要素

一次遅れ要素の伝達関数 $G(s)$ は，すでに述べたように $G(s)=K/(1+Ts)$ と表せる．ステップ応答は式(3・10)より

$$Y(s) = \frac{K}{1+Ts} \cdot \frac{1}{s} = \frac{K}{s(1+Ts)}$$

$$\begin{aligned}
y(t) &= \mathcal{L}^{-1}\left\{\frac{K}{s(1+Ts)}\right\} = \mathcal{L}^{-1}\left\{\frac{K}{T}\left\{\frac{1}{s\left(s+\frac{1}{T}\right)}\right\}\right\} = K\cdot\mathcal{L}^{-1}\left\{\frac{1}{s}-\frac{1}{s+\frac{1}{T}}\right\} \\
&= Ku(t) - K\varepsilon^{-\frac{1}{T}t} \qquad (3\cdot16)
\end{aligned}$$

となり，入力信号の K 倍の項と，指数関数の項に分けられる．第2項は，時間とともに減衰して $t \to \infty$ で 0 となる．減衰の速さの指標となる T は時定数と呼ばれる．例えば $t=T$ では $y(t)=0.632K$ となり，定常状態における値（定常値）の 63.2% である．また $t=0$ での接線の傾きは K/T となり，定常値 $y(t)=K$ と交わる時刻は $t=T$ となって時定数に等しい．さらに，$y(4T)=0.982K$，$y(5T)=0.993K$ となって定常値にほぼ等しいとみなすことができるため，時定数から数えて $t=4T$ 程度になると過渡状態が終了したと考えて問題ない．

以上より，時定数に関する事項をまとめると以下のようになる．

- $t=T$ では定常値の 63.2% である．
- $t=0$ での接線が定常値と交わる時刻は T である．
- $t=4T$ 以後は，過渡状態が終了したとみなせる．

ステップ応答を**図 3・6**(a)に示す．時定数に注意して見てもらいたい．

(a) ステップ応答（一次遅れ要素）　　(b) インパルス応答（一次遅れ要素）

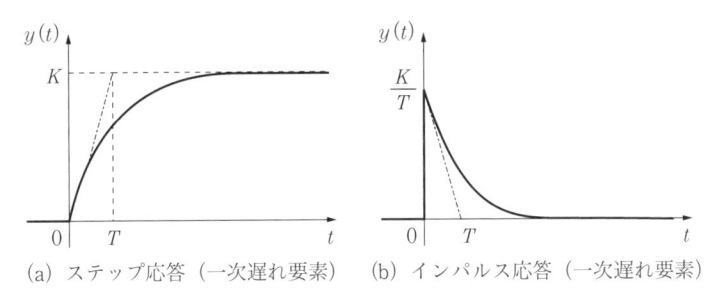

図 3・6　ステップ応答とインパルス応答

一次遅れ要素のインパルス応答は式(3・7)より

$$y(t) = \mathcal{L}^{-1}\left\{\frac{K}{1+Ts}\right\} = \mathcal{L}^{-1}\left\{\frac{K}{T}\left\{\frac{1}{s+\frac{1}{T}}\right\}\right\} = \frac{K}{T}\cdot\mathcal{L}^{-1}\left\{\frac{1}{s+\frac{1}{T}}\right\} = \frac{K}{T}\varepsilon^{-\frac{1}{T}t}$$

(3・17)

となる．$t=0$ でインパルスを加えると，瞬間的に $t=0+$ で $y(t)=K/T$ となるが，その後は時定数 T に応じて減衰し，漸近的に 0 となる．インパルス応答を図 3・6(b)に示す．

3・2・3　二次遅れ要素

二次遅れ要素には，一次遅れ要素を直列に接続したものと，二次の振動系になるものの両方が考えられる（**図 3・7**）．

(a) 一次遅れ要素を直列に接続したもの

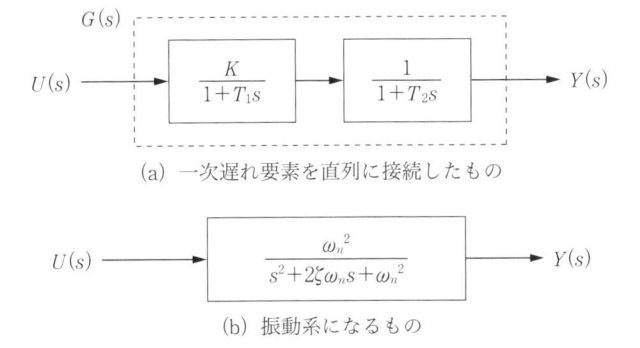

(b) 振動系になるもの

図 3・7　二次遅れ要素

図 3・7(a)の場合，伝達関数は $G(s)=K/\{(1+T_1s)(1+T_2s)\}$ のように表せる．ステップ応答は式(3・1)より

$$Y(s) = \frac{K}{(1+T_1s)(1+T_2s)}\cdot\frac{1}{s} = \frac{K}{s(1+T_1s)(1+T_2s)}$$

$$y(t) = \mathcal{L}^{-1}\left\{\frac{K}{s(1+T_1s)(1+T_2s)}\right\} = Ku(t) - K\left(\frac{T_1\varepsilon^{-\frac{t}{T_1}}}{T_1-T_2} + \frac{T_2\varepsilon^{-\frac{t}{T_2}}}{T_1-T_2}\right)$$

(3・18)

であって，図3・8(a)のようなS字曲線となるが，これは図3・6(a)において縦軸をずらしたものと近似することが可能である．つまり，この場合の二次系は，「**一次＋むだ時間系**」のように近似できる．図3・8(a)から等価的なむだ時間と時定数を読み取り，式(3・19)のように近似する．

$$Y(s) = \varepsilon^{-Ls}\frac{K}{1+Ts} \tag{3・19}$$

インパルス応答は式(3・7)より，式(3・20)のようになる．

$$y(t) = \mathcal{L}^{-1}\left\{\frac{K}{(1+T_1s)(1+T_2s)}\right\} = \frac{K}{T_1-T_2}(\varepsilon^{-\frac{1}{T_1}t} - \varepsilon^{-\frac{1}{T_2}t}) \tag{3・20}$$

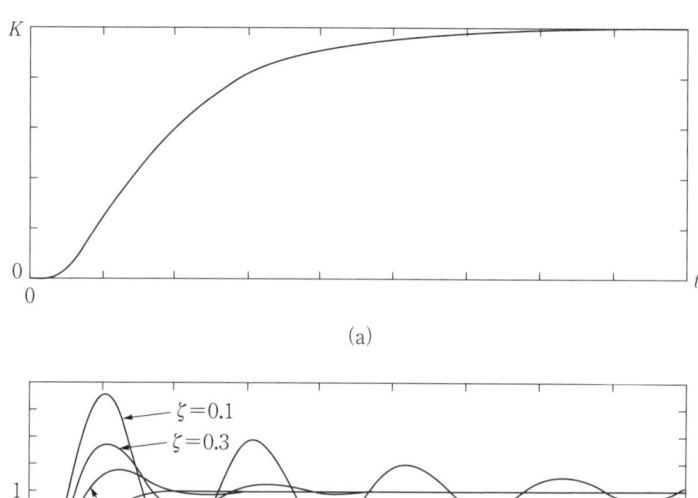

図 3・8 二次遅れ要素のステップ応答

図3・7(b)のような振動系となるとき，伝達関数は一般に $G(s) = \omega_n^2/(s^2 + 2\zeta\omega_n s + \omega_n^2)$ のように表せる．ステップ応答は式(3・10)より

$$Y(s) = \frac{\omega_n^2}{s^2+2\zeta\omega_n s+\omega_n^2}\cdot\frac{1}{s} = \frac{\omega_n^2}{s(s^2+2\zeta\omega_n s+\omega_n^2)} \tag{3・21}$$

であり，またインパルス応答は式(3・7)より式(3・22)となる．

$$Y(s) = \frac{\omega_n^2}{s^2+2\zeta\omega_n s+\omega_n^2} \tag{3・22}$$

いま，式展開が煩雑になるのを避けるため分母多項式のカッコ内が $s^2+2\zeta\omega_n s+\omega_n^2 = (s-s_1)(s-s_2)$（ただし $s_1 > s_2$）のように因数分解されたと仮定すると，s_1, s_2 によって以下のように場合分けして考えられる．

(a) s_1, s_2 が実数のとき

判別式 $\zeta^2\omega_n^2 - \omega_n^2 > 0$ であり，明らかに $\omega_n^2 > 0$ を考慮すると，$\zeta^2 - 1 > 0$ のときに s_1, s_2 が実数となる．つまり $\zeta > 1$ である．このとき

であるから，ステップ応答は

$$s_1 = -\zeta\omega_n + \omega_n\sqrt{\zeta^2-1} \qquad s_2 = -\zeta\omega_n - \omega_n\sqrt{\zeta^2-1} \qquad (3\cdot23)$$

$$y(t) = 1 + \frac{\omega_n^2}{s_1(s_1-s_2)}\exp(s_1 t) + \frac{\omega_n^2}{s_2(s_1-s_2)}\exp(s_2 t) \qquad (3\cdot24)$$

インパルス応答は

$$y(t) = \frac{\omega_n^2}{(s_1-s_2)}\{\exp(s_1 t) - \exp(s_2 t)\} \qquad (3\cdot25)$$

となる．

（b） $s_1 = s_2$ のとき

判別式 $\zeta^2\omega_n^2 - \omega_n^2 = 0$，つまり $\zeta = 1$ のときに $s_1 = s_2 = -\omega_n$ となる．ステップ応答は

$$y(t) = \omega_n^2 t \exp(-\omega_n t) \qquad (3\cdot26)$$

インパルス応答は

$$y(t) = 1 - (1+\omega_n t)\exp(-\omega_n t) \qquad (3\cdot27)$$

となる．

（c） s_1, s_2 が複素数のとき

判別式 $\zeta^2\omega_n^2 - \omega_n^2 < 0$ であるから，$\zeta^2 - 1 < 0$ のときに s_1, s_2 が複素数となる．つまり，$0 < \zeta < 1$ である．このとき，ステップ応答は $\phi = \tan^{-1}(\sqrt{1-\zeta^2}/\zeta)$ と置いて

$$y(t) = 1 - \frac{1}{\sqrt{1-\zeta^2}}\exp(-\zeta\omega_n t)\sin(\omega_n\sqrt{1-\zeta^2}\,t + \phi) \qquad (3\cdot28)$$

また，インパルス応答は

$$y(t) = \frac{\omega_n}{\sqrt{1-\zeta^2}}\exp(-\zeta\omega_n t)\sin(\omega_n\sqrt{1-\zeta^2}\,t) \qquad (3\cdot29)$$

のようになる．式(3・28)と式(3・29)から明らかなように，どちらの応答も振動しながら指数関数的に減衰し，最終的にステップ応答は 1，インパルス応答は 0 に収束する．このうち，ステップ応答を図3・8(b)に示す．ζ によって振動のようすが異なることがわかる．この意味で，ζ を減衰係数と呼ぶ．

3・2・4　むだ時間要素

むだ時間とは，入力信号を加えてから出力信号が出てくるまでの時間のことをいう．このときの入出力関係は $y(t) = x(t-L)$ という式で表せるので，これをラプラス変換して伝達関数は $G(s) = \varepsilon^{-Ls}$ のようになる．むだ時間要素のステップ応答は図3・9のようになる．

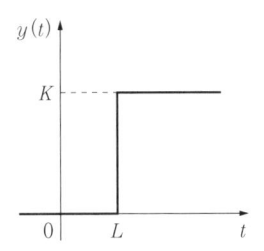

図 3・9　ステップ応答（むだ時間要素）

3・2・5 高次遅れ要素

三次以上の高次遅れ要素は，式(3・30)のように表せる．

$$G(s) = \frac{K(s^m + b_{m-1}s^{m-1} + b_{m-2}s^{m-2} + \cdots b_0)}{s^n + a_{n-1}s^{n-1} + a_{n-2}s^{n-2} \cdots + a_0} \tag{3・30}$$

前節で示したように，この伝達関数の係数は実数なので，分母多項式は一次遅れ要素と二次遅れ要素の積として表すことができる．つまり，その過渡応答も，一次遅れ要素と二次遅れ要素との和として求められる．

制御系の設計にあたっては，実際には高次遅れ要素であっても，ステップ応答の波形から近似的に「一次遅れ＋むだ時間」系の形で表すことが多い（**図3・10**）．

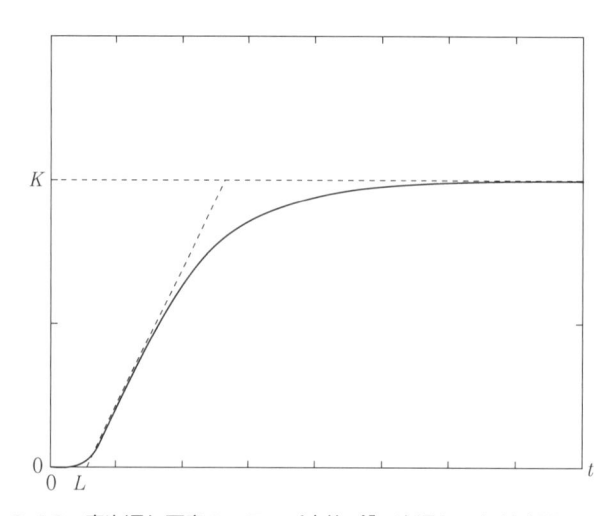

図 3・10 高次遅れ要素のステップ応答（「一次遅れ＋むだ時間」で近似）

3・3 極 と 零 点

これまで見てきたように，制御対象の伝達関数は一般に式(3・31)のような，s の有理多項式として表すことができる（ただし，むだ時間を考慮しない場合である）．

$$G(s) = \frac{N(s)}{D(s)} \tag{3・31}$$

いま $s = p_i \ (i=1, 2, \cdots, n)$ を分母多項式 $D(s)=0$ の解，$s = z_j \ (j=1, 2, \cdots, m)$ を分子多項式 $N(s)=0$ の解とすると，ゲインを K として伝達関数は式(3・32)のように書ける．

$$G(s) = K\frac{(s-z_1)(s-z_2)\cdots(s-z_m)}{(s-p_1)(s-p_2)\cdots(s-p_n)} = K\frac{\prod_{j=1}^{m}(s-z_j)}{\prod_{i=1}^{n}(s-p_i)} \tag{3・32}$$

p_i，z_j とも複素数であり，p_i を伝達関数の極（pole），z_j を零点（zero）と呼ぶ．式(3・32)で表される系のステップ応答は式(3・33)に示すように

$$Y(s) = K \frac{\prod_{j=1}^{m}(s-z_j)}{\prod_{i=1}^{n}(s-p_i)} \cdot \frac{1}{s} = K \frac{\prod_{j=1}^{m}(s-z_j)}{s\prod_{i=1}^{n}(s-p_i)}$$

$$y(t) = \mathcal{L}^{-1}\{Y(s)\} = K_0 + K_1 \exp(p_1 t) + K_2 \exp(p_2 t) + \cdots + K_n \exp(p_n t)$$
(3・33)

となり，極 p_i に対して $\exp(p_i t)$ となって，過渡応答が伝達関数の極に密接に関係することがわかる．

一次系を例に，極と過渡応答との関係を図示すると**図3・11**のようになる．ここで座標軸は，p_i が複素数であるから横軸が実数軸，縦軸が虚数軸である．極の実部が正の場合，すなわち右半平面では過渡応答は発散し，虚軸から離れるほど発散傾向が強くなる．また極の実部が負の場合，すなわち左半平面では過渡応答は K_0 に収束するが，収束の速さは虚軸から離れるほど速くなる．このような極と零点の位置関係を含むシステムの安定性に関しては，本書の5章で詳しく述べる．

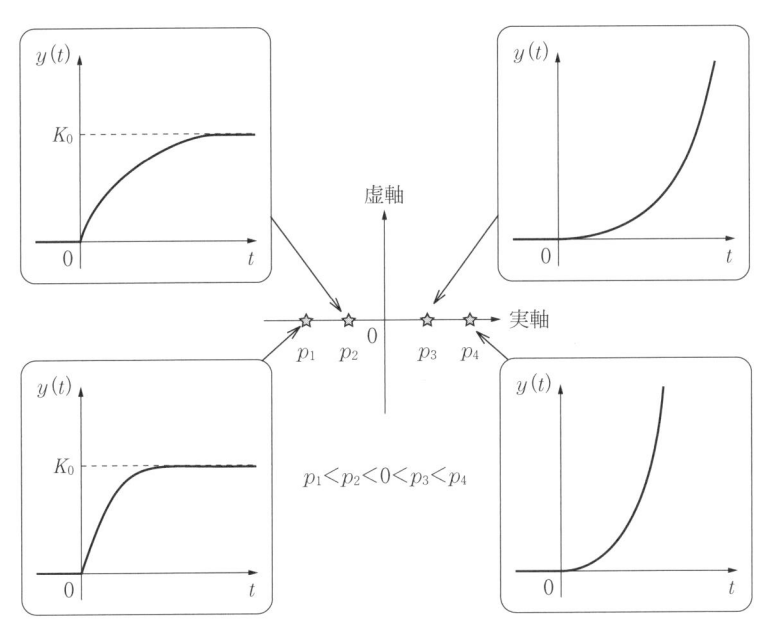

図 3・11 極とステップ応答（一次系）

演習問題

問 3·1 あるシステムのインパルス応答が $y(t)=e^{-2t}$ で与えられるとき，システムは何次遅れ系か．また，そのシステムのステップ応答を求めよ．

問 3·2 以下の伝達関数に対するステップ応答を計算して，応答波形の概略を図示せよ．

(1) $G(s)=\dfrac{s+3}{(s+1)(s+2)}$ 　　(2) $G(s)=\dfrac{e^{-3s}}{(s+1)(s+4)}$

問 3·3 $R=10\,\Omega$，$C=1\,\text{mF}$ である**図 3·12**のような RC 直列回路で入力電圧を V_i，出力電圧を V_o とするとき，伝達関数 $G(s)$ を求め，時定数を求めよ．

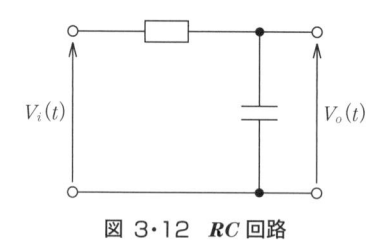

図 3·12　*RC* 回路

問 3·4 四次遅れ要素 $G(s)=0.2/\{(s+0.2)(s+0.5)(s+1)(s+2)\}$ を「一次遅れ＋むだ時間」で近似して表すとき，むだ時間は約何秒か．

4章 周波数応答

　本章では，制御システムの特性を表現する手法の一つである周波数伝達関数の概要を学ぶ．周波数伝達関数とは，システムに正弦状信号を印加したときの，定常状態における出力信号の振幅と位相を周波数の関数として表現するもので，システムの過渡特性を定量的に表すことができる．この周波数伝達関数の理論的な求め方，図的表現法を学ぶ．

4・1　周波数伝達関数

4・1・1　周波数伝達関数の定義

　伝達関数が $G(s)$ で表される線形定係数 n 次システムに，正弦状の信号を印加した場合を考えよう．システムの極の実数部はすべて負であると仮定，すなわち安定なシステムとする．また，その極はすべて単根として考察する．

　入力信号を式(4・1)とする．

$$u(t) = E \sin \omega t \tag{4・1}$$

ここで，E は振幅，ω は角周波数とする．式(4・1)をラプラス変換して，システムの伝達関数と掛け，システムの出力信号 $Y(s)$ を求め，逆ラプラス変換して時間応答 $y(t)$ を計算する．

$$U(s) = \frac{E\omega}{s^2 + \omega^2} \tag{4・2}$$

$$Y(s) = G(s) U(s)$$

$$= \sum_{i=1}^{n} \frac{c_i}{s - p_i} + \frac{k_1}{s - j\omega} + \frac{k_2}{s + j\omega} \tag{4・3}$$

ここで，c_i, k_1, k_2 はそれぞれ留数（residue）で，次のように求める．

$$c_i = \lim_{s \to p_i} (s - p_i) Y(s) \tag{4・4}$$

$$k_1 = \lim_{s \to j\omega} (s - j\omega) Y(s) = \frac{G(j\omega) E}{2j} \tag{4・5}$$

$$k_2 = \lim_{s \to -j\omega} (s + j\omega) Y(s) = \frac{-G(-j\omega) E}{2j} \tag{4・6}$$

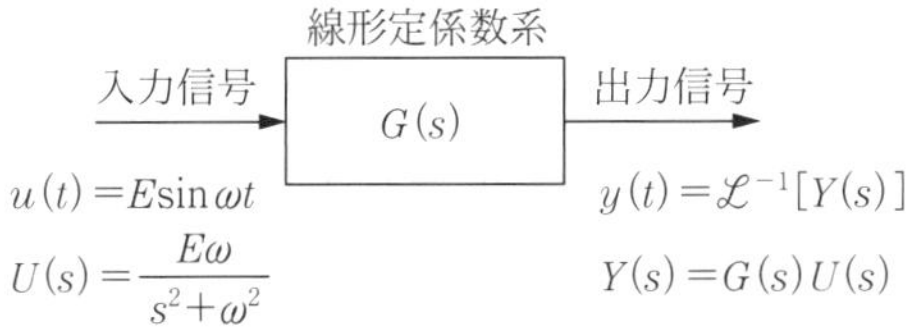

図 4・1　システムの応答

$G(j\omega)$ と $G(-j\omega)$ は共役複素数であり，これを図 4·2 に示すように極形式で表現する．

$$G(j\omega) = Ke^{j\phi} \equiv K\angle\phi \quad (4\cdot7)$$

$$G(-j\omega) = Ke^{-j\phi} \equiv K\angle-\phi \quad (4\cdot8)$$

式(4·7)，(4·8)を式(4·5)，(4·6)に代入し，さらにこれらを式(4·3)に代入して逆ラプラス変換を行う．

$$\begin{aligned}y(t) &= \sum_{i=1}^{n} c_i e^{p_i t} + \{KEe^{j(\omega t+\phi)} \\ &\quad - KEe^{-j(\omega t+\phi)}\}/2j \\ &= \sum_{i=1}^{n} c_i e^{p_i t} + KE\sin(\omega t+\phi)\end{aligned}$$

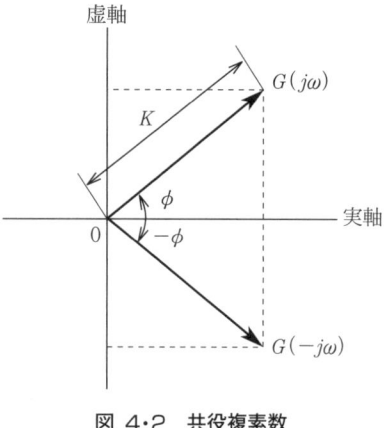

$$(4\cdot9)$$

図 4·2 共役複素数

信号を印加した後，時間が十分経過した定常状態においては，式(4·9)の第1項は，システムの極の実数部がすべて負であるから0に収束し，出力信号は

$$y(t) = KE\sin(\omega t+\phi) \quad (4\cdot10)$$

となり，振幅が K 倍，位相が ϕ 進んだ正弦状信号となる．

K および ϕ は，システムの伝達関数 $G(s)$ の s に $j\omega$ を代入した $G(j\omega)$ の絶対値と偏角である．$G(j\omega)$ を**周波数伝達関数**（frequency transfer function）という．システムの動特性を定量化する関数としてしばしば用いられる．

K および ϕ は，入力信号の角周波数 ω の値によって変化する．$K(\omega)$ を**ゲイン特性**（gain characteristic），$\phi(\omega)$ を**位相特性**（phase characteristic）という．

4·1·2 周波数応答

前項で定義した周波数伝達関数 $G(j\omega)$ は，印加した正弦状入力信号の角周波数 ω の関数である．当然，絶対値 K，位相 ϕ も ω に依存する．

角周波数 ω を0から無限大にまで変化させたとき，$G(j\omega)$ を**周波数応答**（frequency response）と呼ぶ．

周波数伝達関数 $G(j\omega)$ は，伝達関数 $G(s)$ が既知のときには s に $j\omega$ を代入することによって得られる．一方，$G(s)$ が未知のときには，角周波数 ω を0から無限大にまで変化させたときのゲイン特性と位相特性を実験的に求めることが可能であるため，実用的である．そのため，周波数応答は未知の伝達関数を持つシステムの動特性を試験する方法としてよく用いられる．

4·1·3 図的表現法

システム制御工学では，周波数伝達関数の応答特性を図的に表現し，視覚的に特性を捉えることがよく利用されている．この項では，周波数応答を図示する方法を説明する．

表示法としては，**ベクトル線図**（**ベクトル軌跡**（vector locus）），**ボード線図**

Note

線形時不変系では，入力 $E\sin\omega t$ に対して，時間が十分経てば出力は式(4·10)のように $E|G(j\omega)|\sin(\omega t + \angle G(j\omega))$ となることを示している．このとき，入出力の振幅比 $|G(j\omega)|$ と入出力の位相差 $\angle G(j\omega)$ は，システム固有の特性を表していることに注意しよう．

(Bode diagram), およびゲイン・位相線図 (gain phase diagram) がある. ベクトル線図はベクトル軌跡とも呼ばれ, 複素数である周波数伝達関数ベクトル $G(j\omega)$ を複素平面上に種々の周波数の値についてプロットして, 軌跡をつなぎ合わせるものである. **ナイキスト線図** (Nyquist diagram) と呼ばれることもある (厳密には, 一巡伝達関数のベクトル軌跡をナイキスト線図という).

ボード線図は, 横軸に角周波数 ω の常用対数値を, 縦軸に絶対値 K のデシベル値および偏角 ϕ〔°〕でとり, 曲線に表示する方法で, ボードにより開発され, 電子増幅器の周波数特性を表すときに用いられている. デシベル値とは, 増幅率の単位として工学においてしばしば使用されるもので, 次のように決められている.

$$g = 20\log K \text{〔dB〕} \tag{4・11}$$

$K=1$ のときは 0 dB, $K=10$ のときは 20 dB, $K=0.1$ のときは -20 dB である.

ゲイン・位相線図は, 横軸に偏角 ϕ, 縦軸に絶対値 K のデシベル値をとり軌跡をつなぐもので, 軌跡上に周波数を記入する必要がある. ゲイン・位相線図は, フィードバック制御系の設計のために, ニコルスにより開発された. 個々の書き方およびいくつかの要素について順次解説する.

4・2 ベクトル線図 (ベクトル軌跡)

4・2・1 ベクトル線図の書き方

周波数伝達関数 $G(j\omega)$ は複素数であり

$$G(j\omega) = \text{Re}[G(j\omega)] + j\,\text{Im}[G(j\omega)] \tag{4・12}$$

と置き, 横軸に実数部 $\{\text{Re}[G(j\omega)]\}$ を, 縦軸に虚数部 $\{\text{Im}[G(j\omega)]\}$ の複素平面上に種々の周波数の値についてプロットして軌跡を描く. 軌跡上に周波数値を表示する必要がある.

4・2・2 積分要素と微分要素

(a) 積分要素

積分要素の伝達関数は

$$G(s) = \frac{1}{s} \tag{4・13}$$

である. 周波数伝達関数は

$$G(j\omega) = \frac{1}{j\omega} = -\frac{j}{\omega} \tag{4・14}$$

となる. よって, 図 4・3 に実線で示すように, ベクトル軌跡は負の虚軸上にある.

(b) 微分要素

微分要素の伝達関数は

$$G(s) = s \tag{4・15}$$

である. 周波数伝達関数は

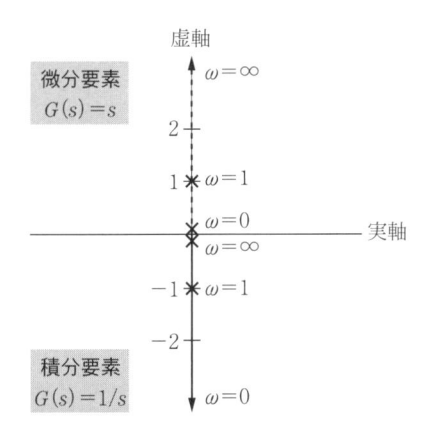

図 4・3 積分要素, 微分要素のベクトル軌跡

$$G(j\omega) = j\omega \tag{4・16}$$

となる．よって，図4・3に点線で示すように，ベクトル軌跡は正の虚軸上にある．

4・2・3 一次遅れ要素

一次遅れ要素の伝達関数の一般形は，式(4・17)で示される．

$$G(s) = \frac{K}{1+Ts} \tag{4・17}$$

ここで，Kは比例ゲイン，Tは時定数である．周波数伝達関数を求め，分母を実数化する．

$$G(j\omega) = \frac{K}{1+j\omega T} = \frac{K}{1+(\omega T)^2} - j\frac{K\omega T}{1+(\omega T)^2} \tag{4・18}$$

横軸座標を x，縦軸座標を y として，ω を消去すると

$$\left(x - \frac{K}{2}\right)^2 + y^2 = \left(\frac{K}{2}\right)^2 \tag{4・19}$$

となる．これは，中心座標 $(K/2, 0)$，半径 $K/2$ の円である．y は常に負であるから，ベクトル軌跡は実軸より下半分の円となる．一次遅れ要素のベクトル軌跡を**図 4・4** に示す．

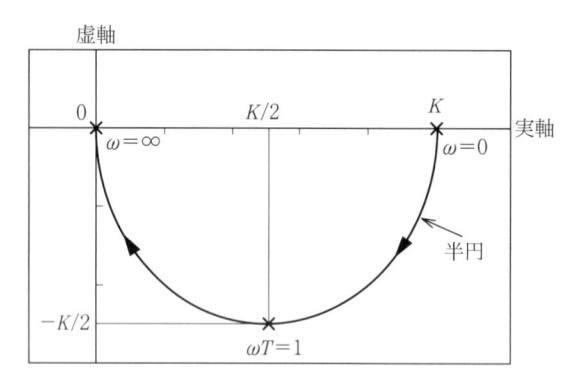

図 4・4 一次遅れ要素のベクトル軌跡

4・2・4 二次遅れ要素

二次遅れ要素の伝達関数の一般形は式(4・20)で示される．

$$G(s) = \frac{(\omega_n)^2}{s^2 + 2\zeta\omega_n s + (\omega_n)^2} \tag{4・20}$$

ここで，ζ は減衰係数，ω_n は固有角周波数である．周波数伝達関数を求め，分母を実数化する．

$$G(j\omega) = \frac{1}{1-(\omega/\omega_n)^2 + j2\zeta\omega/\omega_n} \tag{4・21}$$

$$G(j\omega) = \frac{\{1-(\omega/\omega_n)^2\} - j\{2\zeta\omega/\omega_n\}}{\{1-(\omega/\omega_n)^2\}^2 + \{2\zeta\omega/\omega_n\}^2} \tag{4・22}$$

・$\omega = 0$ のとき　　実数部 $x = 1$　　虚数部 $y = -0$

- $\omega = \omega_n$ のとき　　実数部 $x = 0$　　虚数部 $y = -1/(2\zeta)$
- $\omega = \infty$ のとき　　実数部 $x = -0$　　虚数部 $y = -0$

ここで，-0 とはマイナス側から 0 に収束することを意味している．

二次遅れ要素のベクトル軌跡を図 4・5 に示す．軌跡は，減衰係数の値により変わる．

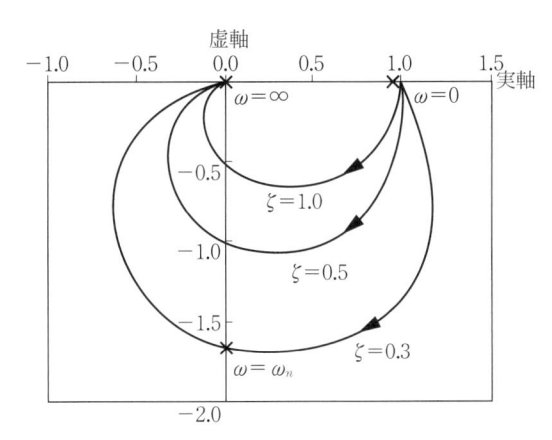

図 4・5　二次遅れ要素のベクトル軌跡

4・2・5　位相補償要素

位相補償要素の伝達関数の一般形は式 (4・23) で示される．

$$G(s) = K \frac{1 + T_1 s}{1 + T_2 s} \tag{4・23}$$

ここで，K は比例ゲイン，T_1，T_2 は時定数である．T_1，T_2 の大小関係により

　　$T_1 > T_2$ のとき，**位相進み補償要素**

　　$T_1 < T_2$ のとき，**位相遅れ補償要素**

という．周波数伝達関数を求め，分母を実数化する．

$$G(j\omega) = K \frac{1 + j\omega T_1}{1 + j\omega T_2} = \frac{K[1 + \omega^2 T_1 T_2 + j\omega(T_1 - T_2)]}{1 + (\omega T_2)^2} \tag{4・24}$$

ベクトル軌跡を図 4・6 に示した．位相進み要素では実軸より上半分，位相遅れ要素では下半分の軌跡となる．

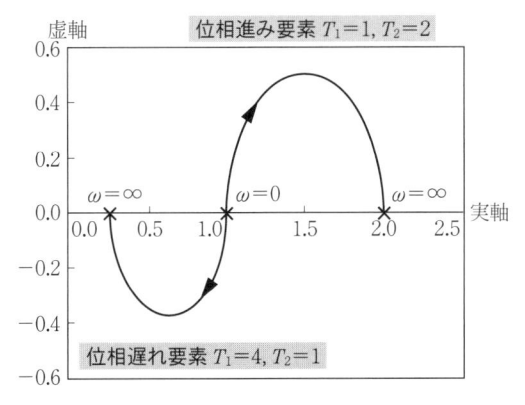

図 4・6　位相補償要素のベクトル軌跡

4·3 ボード線図

4·3·1 ボード線図の書き方

複素数である周波数伝達関数 $G(j\omega)$ を，極座標形式で表現する．

$$G(j\omega) = Ke^{j\phi} \tag{4·25}$$

ここで，K および ϕ は周波数伝達関数 $G(j\omega)$ の絶対値，および偏角であり

$$K = |G(j\omega)|, \quad \phi = \angle G(j\omega) \tag{4·26}$$

と書く．横軸に周波数の常用対数値 $\log\omega$ を，縦軸に周波数伝達関数の絶対値のデシベル値（**ゲイン特性**という），および偏角 ϕ を〔°〕あるいは〔deg〕（**位相特性**という）でとりそれぞれの軌跡を同一グラフ上に描く．周波数伝達関数の絶対値のデシベル値は次式で計算できる．

$$g = 20\log K \text{ 〔dB〕} \tag{4·27}$$

ボード線図では，曲線が2本必要であるが，周波数情報は連続して描ける利点がある．

4·3·2 積分要素と微分要素

（a）積分要素

積分要素の伝達関数は

$$G(s) = \frac{1}{s} \tag{4·28}$$

である．周波数伝達関数は

$$G(j\omega) = \frac{1}{j\omega} = -\frac{j}{\omega} \tag{4·29}$$

となる．よって

$$g = -20\log\omega \text{ 〔dB〕}, \quad \phi = -90 \text{ 〔deg〕} \tag{4·30}$$

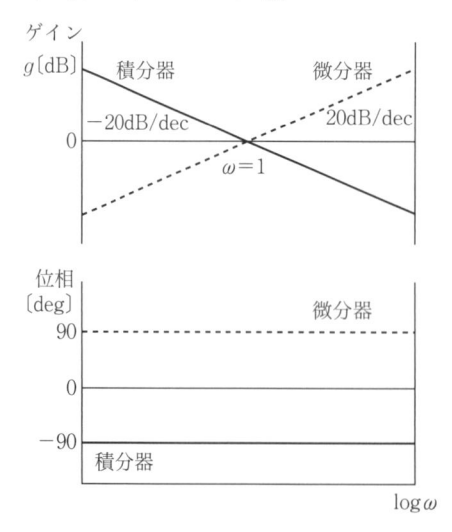

図 4·7 積分要素，微分要素のボード線図

> **Note**
> ボード線図で用いる〔dB〕の単位は，通信分野で使用している〔dB〕の単位とは全く関係がなく，単にゲインの大きさを圧縮するために導入したものである．

積分要素のボード線図を図 4·7 に実線で示す．図に示すように，ゲイン特性は傾きが $-20\,\mathrm{dB/dec}$ の直線である．入力信号の周波数が 10 倍（これを 1 ディケード (decade) という）上がるとゲインが 20 dB 下がることを意味している．位相特性は，一定である．

（b） 微分要素

微分要素の伝達関数は

$$G(s) = s \tag{4·31}$$

である．ゲイン特性，位相特性は次式で示される．

$$g = +20\log\omega\,[\mathrm{dB}], \quad \phi = +90\,[\mathrm{deg}] \tag{4·32}$$

図 4·7 に微分要素のボード線図を点線で示している．図に示すように，ゲイン特性は傾きが $+20\,\mathrm{dB/dec}$ の直線である．

4·3·3 一次遅れ要素

一次遅れ要素の伝達関数の一般形は式 (4·33) で示される．

$$G(s) = \frac{K}{1+Ts} \tag{4·33}$$

周波数伝達関数は次式

$$G(j\omega) = \frac{K}{1+j\omega T} \tag{4·34}$$

であるからゲイン特性，位相特性は次式のようになる．

$$g = 20\log K - 20\log\{1+(\omega T)^2\}^{1/2} \tag{4·35}$$

$$\phi = -\tan^{-1}(\omega T) \tag{4·36}$$

一次遅れ要素のボード線図を図 4·8 に示す．

$\omega T \ll 1$ のとき　$g \cong 20\log K\,[\mathrm{dB}]$① 　　　　$\phi \cong 0\,[\mathrm{deg}]$
$\omega T = 1$ のとき　$g = 20\log K\,[\mathrm{dB}] - 10\log 2\,[\mathrm{dB}]$ 　$\phi = -45\,[\mathrm{deg}]$
$\omega T \gg 1$ のとき　$g \cong 20\log K\,[\mathrm{dB}] - 20\log(\omega T)\,[\mathrm{dB}]$② 　$\phi \cong -90\,[\mathrm{deg}]$

したがって，ゲイン特性は次のようにいえる．$\omega T \ll 1$ の範囲では，直線①に漸近し，$\omega T \gg 1$ の範囲では $-20\,\mathrm{dB/dec}$ の傾きをもつ直線②に漸近することを示し

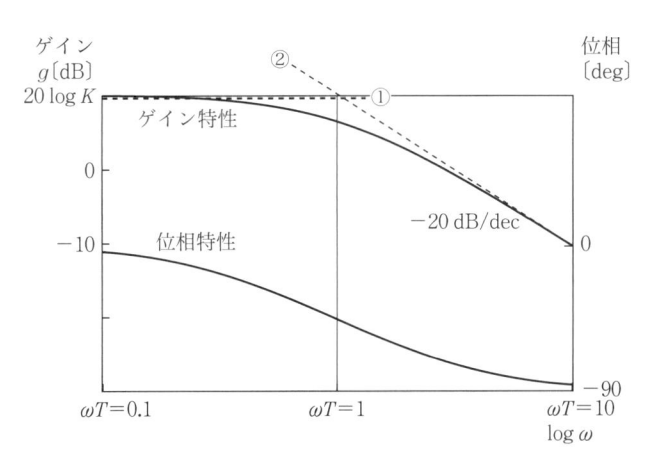

Note

式 (4·33) で表される一次遅れ要素のボード線図における K と T の影響
K の影響：K が大きく（小さく）なれば，ゲイン特性は形を変えず上方（下方）へ移動し，位相特性は変わらない．
T の影響：T が大きく（小さく）なれば，ゲイン特性，位相特性とも形を変えず左方（右方）へ平行移動する．

図 4·8　一次遅れ要素のボード線図

ており，①と②の折れ線で近似することができる．$\omega T=1$ のところでこの二つの直線は交わり，このときの角周波数 $\omega=1/T$ を**折点角周波数**（corner angular frequency）といい，この交点を折点という．

位相特性 ϕ は常に負であるから，位相は常に遅れることになる．一次遅れ要素とは，伝達関数の分母の次数が一次，位相が遅れる要素であることを意味している．また，高周波領域では，一次遅れ要素は積分要素と同じ特性になることもわかる．

4・3・4 二次遅れ要素

二次遅れ要素の伝達関数の一般形は，式(4・37)で示される．

$$G(s)=\frac{(\omega_n)^2}{s^2+2\zeta\omega_n s+(\omega_n)^2} \tag{4・37}$$

ここで，ζ は減衰係数，ω_n は固有角周波数である．周波数伝達関数を求め，分母を実数化する．

$$G(j\omega)=\frac{1}{1-(\omega/\omega_n)^2+j2\zeta\omega/\omega_n} \tag{4・38}$$

ゲイン特性，位相特性は式(4・39)のようになる．

$$g=20\log\left[\left\{1-\left(\frac{\omega}{\omega_n}\right)^2\right\}^2+\left(\frac{2\zeta\omega}{\omega_n}\right)^2\right]^{1/2} \tag{4・39}$$

$$\phi=-\tan^{-1}\left\{\frac{2\zeta\omega/\omega_n}{1-(\omega/\omega_n)^2}\right\} \tag{4・40}$$

二次遅れ要素のボード線図を**図 4・9** に示す．

$\omega/\omega_n \ll 1$ のとき　$g\cong 0\,[\mathrm{dB}]$ ③　　　　　　$\phi\cong 0\,[\mathrm{deg}]$

$\omega/\omega_n=1$ のとき　$g=-20\log 2\zeta\,[\mathrm{dB}]$　　　$\phi=-90\,[\mathrm{deg}]$

$\omega/\omega_n \gg 1$ のとき　$g\cong -40\log(\omega/\omega_n)\,[\mathrm{dB}]$ ④　$\phi\cong -180\,[\mathrm{deg}]$

ゲイン特性は，③と④の折れ線で近似することができる．位相特性 ϕ は常に負であるから，位相は常に遅れることになる．二次遅れ要素とは，伝達関数の分母の次数が二次，位相が遅れる要素であることを意味している．

ここで，ゲイン特性のゲインの傾きと，位相特性の値の関係に注目しよう．積分

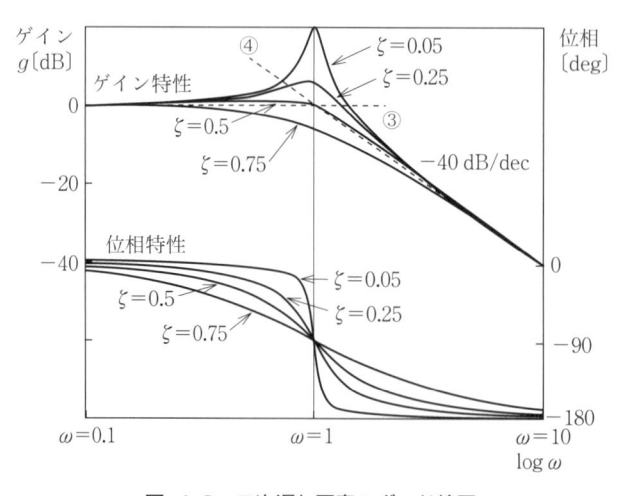

図 4・9　二次遅れ要素のボード線図

要素と一次遅れ要素の高周波領域では，ゲインの傾きは-20 dB/dec，位相は-90 deg である．二次遅れ要素では，高周波領域でのゲインの傾きは-40 dB/dec，位相は-180 deg である．微分要素では，ゲインの傾きは20 dB/dec，位相は90 deg である．

4・3・5 最小位相推移系

考えている要素の極も零点もs平面の右半平面になければ，同一のゲイン特性を持つ要素のうちで最も位相が小さい．このような系を**最小位相推移系**（minimum phase shift system）という．このときゲインの傾きが，$20n$〔dB/dec〕のとき位相は$90n$〔deg〕となる（nは整数）．この関係をボードの定理という．ボードの定理が成立しないシステムを非最小位相推移系と呼び，現実には多く存在している．むだ時間要素を含むシステムは，非最小位相推移系の例である．

4・3・6 位相補償要素

位相補償要素の伝達関数の一般形は，式(4・41)で示される．

$$G(s) = K\frac{1+T_1 s}{1+T_2 s} \tag{4・41}$$

ゲイン特性，位相特性は次式のようになる．

$$g = 20\log K + 20\log\{1+(\omega T_1)^2\}^{1/2} - 20\log\{1+(\omega T_2)^2\}^{1/2} \tag{4・42}$$

$$\phi = +\tan^{-1}(\omega T_1) - \tan^{-1}(\omega T_2) \tag{4・43}$$

ボード線図を**図 4・10** および**図 4・11** に示す．位相補償要素のボード線図は，4・5節で説明する方法で描くことができる．

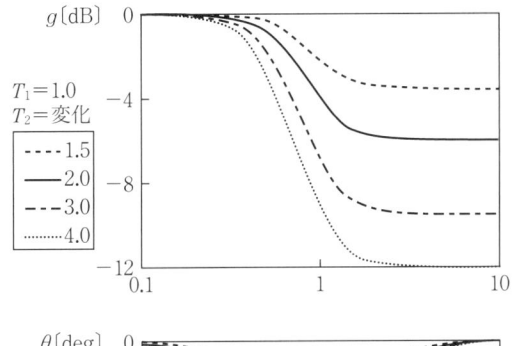

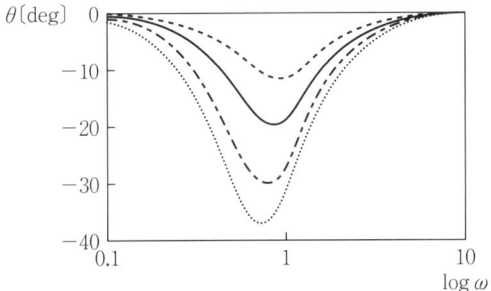

図 4・10 位相遅れ要素のボード線図

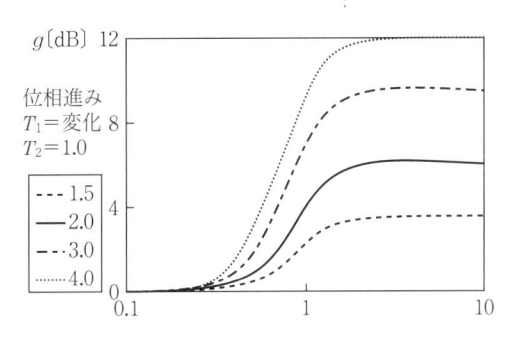

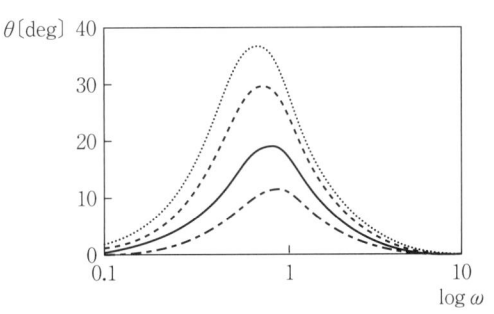

図 4・11 位相進み要素のボード線図

4・4 ゲイン位相線図

4・4・1 ゲイン位相線図の書き方

ゲイン位相線図は，横軸に周波数伝達関数の偏角 ϕ，縦軸にゲイン K または g をとり，種々の周波数に対してプロットし，軌跡をつなげる方法である．軌跡上に周波数値を記さなければならず，利用頻度は少ない．

4・4・2 積分要素と微分要素

（a） 積分要素

積分要素の伝達関数は

$$G(s) = \frac{1}{s} \tag{4・44}$$

である．よって

$$K = \frac{1}{\omega}, \quad g = -20\log\omega \,\text{〔dB〕}, \quad \phi = -90 \,\text{〔deg〕} \tag{4・45}$$

積分要素のゲイン位相線図を，微分要素のゲイン位相線図とともに**図 4・12** に示す．

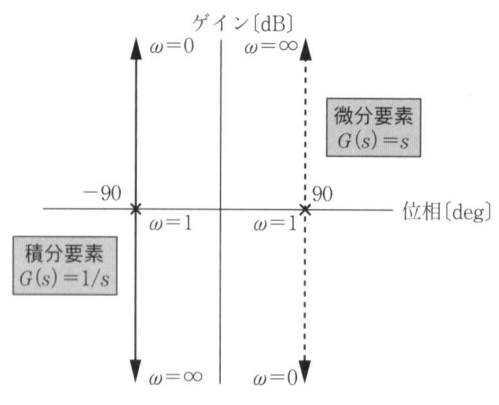

図 4・12 積分要素，微分要素のゲイン位相線図

（b） 微分要素

微分要素の伝達関数は

$$G(s) = s \tag{4・46}$$

である．ゲイン特性，位相特性は，式(4・47)で示される．

$$K = \omega, \quad g = +20\log\omega \,\text{〔dB〕}, \quad \phi = 90 \,\text{〔deg〕} \tag{4・47}$$

4・4・3 一次遅れ要素

一次遅れ要素の伝達関数の一般形は，式(4・48)で示される．

$$G(s) = \frac{K}{1+Ts} \tag{4·48}$$

ゲイン特性,位相特性は次式のようになる.

$$g = 20\log K - 20\log\{1+(\omega T)^2\}^{1/2} \tag{4·49}$$

$$\phi = -\tan^{-1}(\omega T) \tag{4·50}$$

一次遅れ要素のゲイン位相線図を**図 4·13**に示す.

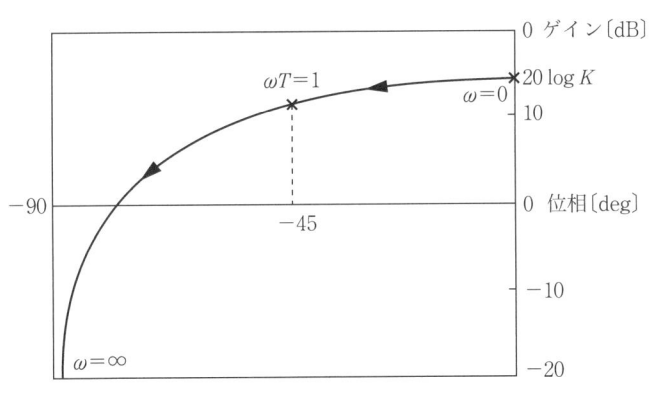

図 4·13　一次遅れ要素のゲイン位相線図

4·5　結合系の周波数応答

4·2節で述べたように,制御システムは多数の要素から構成される.システムの周波数応答を求めるときには,個々の要素の周波数応答を結合して求めることができる.その際に,どの線図を用いると簡単に求められるかを理解しておくことが必要である.この節では,制御システムに使われている結合方法と用いる線図を説明する.

4·5·1　並列結合

並列結合は,**図 4·14**のブロック線図に示すような結合をいう.結合された系の伝達関数は

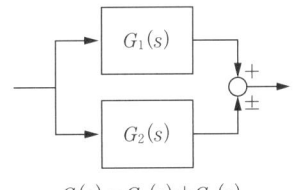

$$G(s) = G_1(s) \pm G_2(s) \tag{4·51}$$

である.周波数伝達関数は

$$G(j\omega) = G_1(j\omega) \pm G_2(j\omega) \tag{4·52}$$

となるので,周波数応答は複素数のベクトル和(差)である.よって,**図 4·15**に示したように,個々の要素のベクトル軌跡を描き,同一周波数のベクトル和(差)を求め,ベクトル軌跡をつなぐことにより,結合系の応答が求まる.

図 4·14　並列結合

例えば,**図 4·16**に示す抵抗,コイル,およびコンデンサの直列回路において,電流 $i(t)$ を流すと各素子の端子電圧は

4章　周波数応答

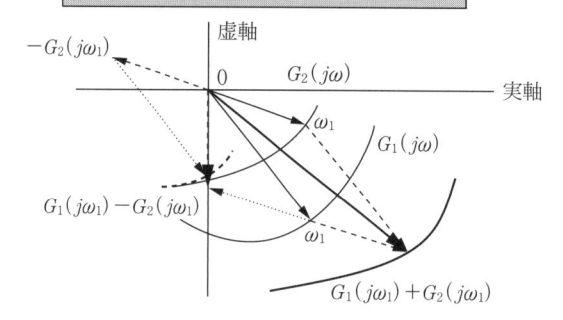

図 4・15　並列結合の周波数応答

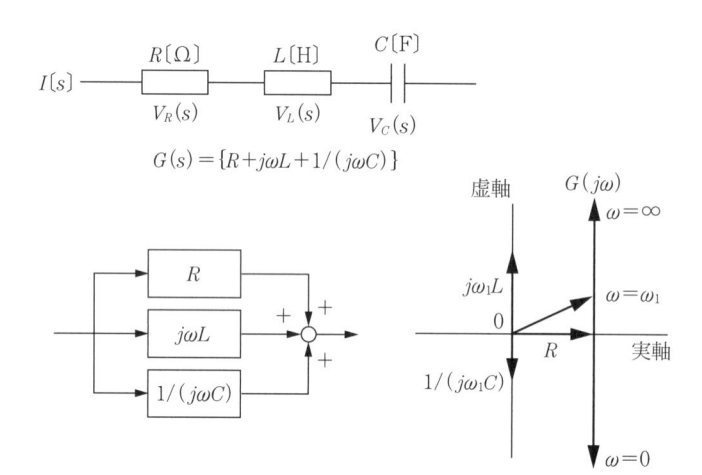

$$G(s) = \{R + j\omega L + 1/(j\omega C)\}$$

図 4・16　並列結合の周波数応答の例

$$v_R(t) = Ri(t), \quad v_L(t) = \frac{L\,di(t)}{dt}, \quad v_C(t) = \frac{1}{C}\int i(t)\,dt \tag{4・53}$$

であるから，全電圧 $v(t)$ は

$$v(t) = v_R(t) + v_L(t) + v_C(t) \tag{4・54}$$

である．伝達関数表現に直すと，次式のようになる．

$$G(s) = \frac{V(s)}{I(s)} \tag{4・55}$$

$$= R + Ls + \frac{1}{Cs} \tag{4・56}$$

周波数伝達関数は

$$G(j\omega) = R + Lj\omega + \frac{1}{Cj\omega} \tag{4・57}$$

となるので，それぞれのベクトル和を求めることにより，全体のベクトル軌跡を描くことができる．

4・5・2 カスケード結合

カスケード結合は，図 4・17 のブロック線図に示すような結合をいう．結合された系の伝達関数は

$$G(s) = G_1(s) G_2(s) \qquad (4 \cdot 58)$$

図 4・17 カスケード結合

である．周波数伝達関数は

$$G(j\omega) = G_1(j\omega) G_2(j\omega) \qquad (4 \cdot 59)$$

となるので，周波数応答は複素数のベクトル積である．個々の周波数のベクトル積を求めることは煩雑である．

そこで，周波数伝達関数を極形式で表す．

$$G_1(j\omega) = K_1 \angle \phi_1, \qquad G_2(j\omega) = K_2 \angle \phi_2 \qquad (4 \cdot 60)$$

$$G(j\omega) = \{K_1 \angle \phi_1\}\{K_2 \angle \phi_2\} = \{K_1 K_2\} \angle \{\phi_1 + \phi_2\}$$
$$= \{g_1 + g_2\} \angle \{\phi_1 + \phi_2\} \qquad (4 \cdot 61)$$

ただし，K は絶対値で表したゲイン，g はデシベルで表したゲインである．

よって，周波数応答は，ゲイン位相線図ではベクトル和，ボード線図ではゲイン，位相それぞれの和を計算することで，結合系の周波数応答が得られる．普通は，ボード線図が使われる．図 4・18 にボード線図による結合のようすを示す．

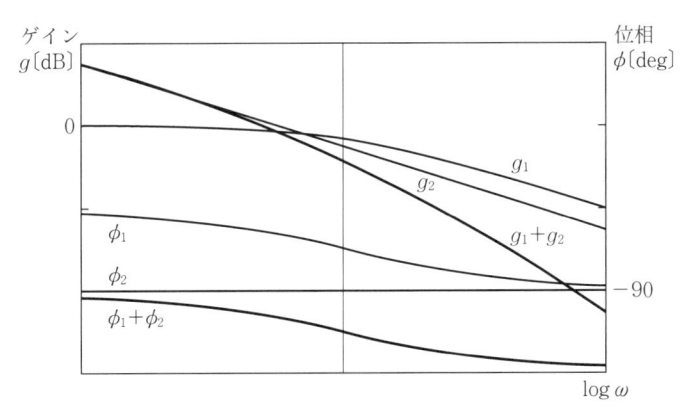

図 4・18 カスケード結合の周波数応答

【例 題】 位相補償要素の周波数応答をボード線図により求めよ．

$$G(s) = K \frac{1 + T_1 s}{1 + T_2 s} \qquad (4 \cdot 62)$$

【解 答】 位相補償要素は，増幅器 K，一次遅れ要素 $1/(1 + T_2 s)$，および一次進み要素 $(1 + T_1 s)$ のカスケード結合からなる．よって，周波数応答から簡単に計算できる．

$$\left. \begin{array}{ll} G_1(j\omega) = K \angle 0, \quad G_2(j\omega) = K_2 \angle \phi_2, \quad G_3(j\omega) = K_3 \angle \phi_3 \\ g_1 = +20 \log K & \phi_1 = 0 \\ g_2 = -20 \log\{1 + (\omega T_2)\} & \phi_2 = -\tan^{-1}(\omega T_2) \\ g_3 = +20 \log\{1 + (\omega T_1)\} & \phi_3 = +\tan^{-1}(\omega T_1) \\ g = g_1 + g_2 + g_3 \\ \phi = \phi_1 + \phi_2 + \phi_3 \end{array} \right\} \qquad (4 \cdot 63)$$

ボード線図を図 4・19 に示した．

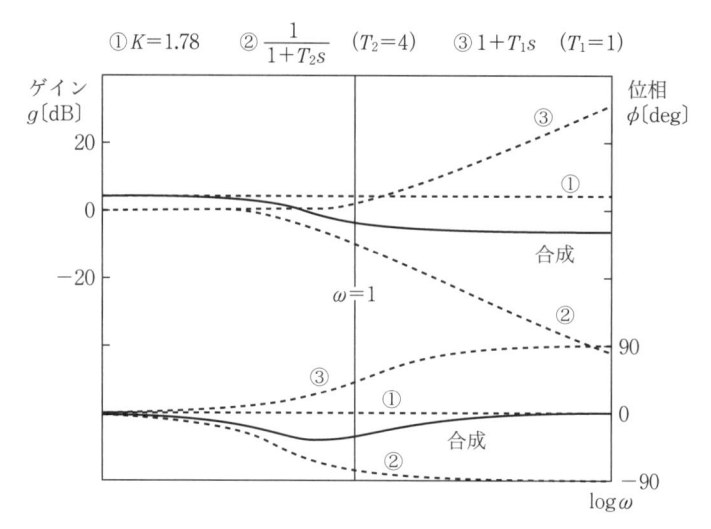

① $K = 1.78$ ② $\dfrac{1}{1+T_2 s}$ ($T_2 = 4$)   ③ $1 + T_1 s$ ($T_1 = 1$)

図 4・19　カスケード結合の周波数応答の例

4・5・3　フィードバック結合

図 4・20 に示すフィードバック制御系の周波数特性を求めるには，閉ループ伝達関数

$$W(s) = \frac{G(s)}{1+G(s)H(s)} \tag{4・64}$$

の周波数特性を求めることになる．しかし，直接フィードバック制御系の周波数応答を求めることは煩雑であるので，開ループ伝達関数 $G(s)H(s)$ の周波数応答から間接的に楽に求める方法を 4・6 節で説明する．

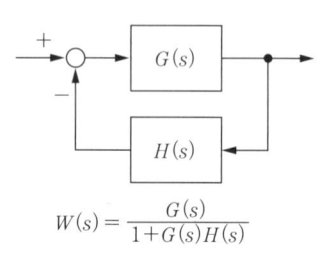

図 4・20　フィードバック結合

$$W(s) = \frac{G(s)}{1+G(s)H(s)}$$

4・6　ニコルス線図

4・6・1　ニコルス線図の求め方

式 (4・64) において，$H(s) = 1$ なるシステムを **直結フィードバック系** という．**ニコルス線図**（Nichols chart）は，直結フィードバック系において，開ループの周波数応答 $G(j\omega)$ から，閉ループ系の周波数応答を図的に求めるもので，フォードバック系の最適設計問題に利用される．

式 (4・64) の閉ループ周波数伝達関数 $W(j\omega)$ および開ループ周波数伝達関数 $G(j\omega)$ を極形式で表す．

$$W(j\omega) = Me^{j\phi} \equiv M\angle\phi \tag{4・65}$$

$$G(j\omega) = Ne^{j\alpha} \equiv N\angle\alpha \tag{4・66}$$

$$Me^{j\phi} = \frac{G(j\omega)}{1+G(j\omega)} = \frac{Ne^{j\alpha}}{1+Ne^{j\alpha}} \tag{4・67}$$

式 (4・67) において，ゲイン，位相をそれぞれ求める．

4·6 ニコルス線図

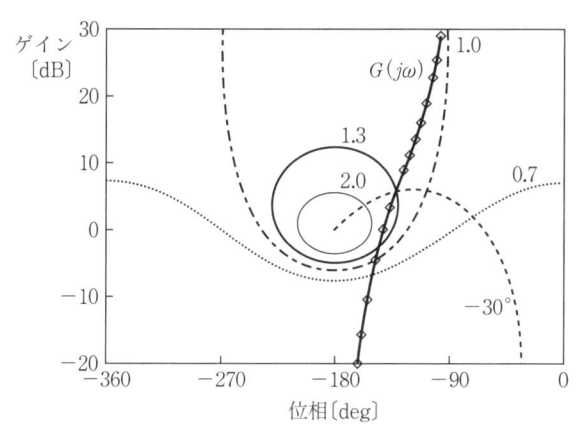

図 4·21 ニコルス線図と開ループ周波数応答

$$M = \frac{1}{\{1+2\cos\alpha/N+1/N^2\}^{1/2}} \tag{4·68}$$

$$\phi = \tan^{-1}\{\sin\alpha/(N+\cos\alpha)\} \tag{4·69}$$

ここで，開ループ伝達関数 $G(j\omega)$ のゲイン位相線図，すなわち横軸に偏角 α，縦軸にゲイン N のデシベル値をとり，この線図上に一定の M，ϕ の点を結んで求めた線図がニコルス線図である．図 4·21 にニコルス線図の一部を示す．

4·6·2 ニコルス線図の利用法

まず，ニコルス線図上に開ループ $G(j\omega)$ のゲイン位相線図（これを曲線1とする）を描く．この線図上の一つの周波数 ω_1 に対する M，ϕ 値を読み取る．この点が曲線上にないときには，内挿法により求める．種々の周波数に対して，同様の操作を行う．ボード線図などにこの値をプロットすることにより，閉ループ系の周波数応答が得られる．

曲線1が等 M 曲線と接する M の値は閉ループ系におけるゲインの最大値を示し，このゲインの最大値を制御系の設計に利用する．

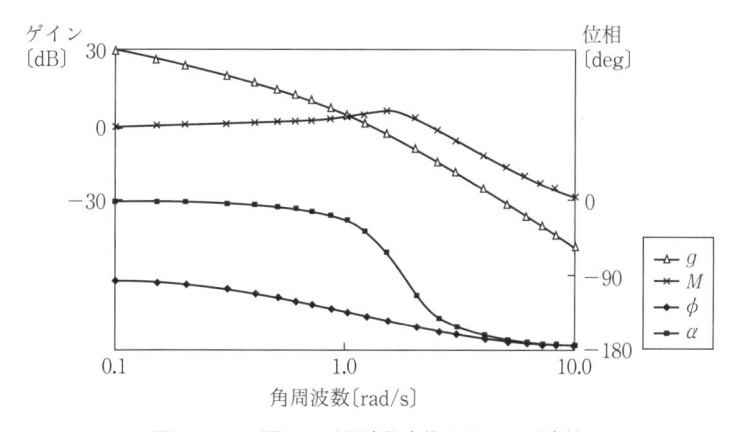

図 4·22 開ループ周波数応答と閉ループ応答

演習問題

問 4・1 次の伝達関数で表される要素の周波数応答をベクトル軌跡で示せ．

(1) $\dfrac{5}{s(s+1)}$ (2) $\dfrac{2}{s(s+1)(s+2)}$ (3) $\dfrac{3}{(s+1)(s+2)(s+3)}$

問 4・2 次の伝達関数で表される要素の周波数応答をボード線図で示せ．

(1) $\dfrac{5}{s(s+1)}$ (2) $\dfrac{2}{s(s+1)(s+2)}$ (3) $\dfrac{(s+5)}{(s+1)(10s+1)}$

問 4・3 次の伝達関数で表される要素の周波数応答をゲイン・位相線図で示せ．

$\dfrac{5}{s(s+1)}$

問 4・4 周波数応答が図 4・23 のボード線図で示される要素の伝達関数を推定せよ．

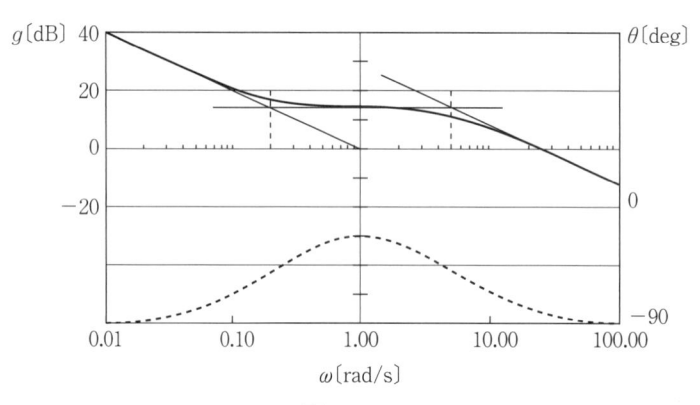

図 4・23

5章 安　　定　　性

　本章では，制御系の安定性について学ぶ．制御系の特性方程式と安定性の関係を示し，工学的に必要な漸近安定性の性質を学ぶ．制御系が安定でない場合，その応答は時間の経過につれて拡大されたり，持続的な振動を伴いながら発散するために制御系にとって好ましくない．そのため，制御系の数学的モデルから直ちに安定性を推測する必要がある．安定性の判別法としては，特性方程式の係数から判定するラウスとフルビッツの安定判別法と，開ループ系伝達関数のベクトル軌跡から閉ループ系の安定性を図的に判別するナイキストの安定判別法がある．図的手法に基づく安定判別法では，安定性の程度を示すゲイン余裕と位相余裕についてその導出と意味を学ぶ．

5・1　特性方程式

5・1・1　安定性とは

　ボールが山の頂にある場合と谷にある場合を考えると，両方とも外から何の力も加えなければそのまま留まっているが，わずかでも外乱を加えると，山の頂にあるほうが動いてしまい，谷にあるほうは動いても元の状態に戻ろうとする．このように，わずかの入力あるいは**外乱**で動的システムが留まっていた状態から離れることを**不安定**といい，たとえ元の状態から離れても，入力や外乱が取り除かれたとき元に戻るように変化することを**安定**であるという．

　ここで，正確に制御系の安定性について述べると次のようになる．

　制御量を目標値に対してある一定の関係を保たせてあるような制御系において，目標値を変更したり，または外乱が加えられたりすると，この一定の関係は乱され過渡現象が起こる．目標値の変化が停止したり，外乱が取り除かれたとき，この過渡現象が時間の経過とともに消滅してしまって，再び元の関係が保たれるような制御系を**安定**（stable）であるといい，発散する制御系を**不安定**（unstable）という．そして，過渡現象が一定周期で持続する場合が**安定限界**（stability limit）であり，安定，不安定の境界である．

　つまり，制御系は一般に安定であることが必要とされる．したがって，もし不安定であるならば制御することによってこれを安定に変えることが望まれ，制御系の安定性を判別する手法や制御によって安定化することが重要になる．

　制御系が微分方程式や伝達関数などを用いて数学的に表現されている場合には，数式の係数をいろいろ変えてみると，パラメータの微小な誤差や変動によってシステムが安定のままであったり，すぐに不安定になったりすることがあるので，たと

え安定であっても必要とする安定の度合いについて考慮することも必要である.

図5・1で示される，フィードバック制御系の目標値から制御量までの閉ループ伝達関数 $W(s)$ は式(5・1)のようになる.

$$W(s)=\frac{G(s)}{1+G(s)H(s)} \quad (5・1)$$

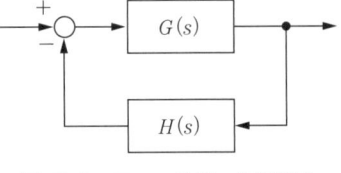

図 5・1 フィードバック制御系

ここで，閉ループ伝達関数の分母を0とした

$$1+G(s)H(s)=0 \quad (5・2)$$

を**特性方程式**(characteristic equation)といい，その根を**特性根**(characteristic root)という.

いま，開ループ伝達関数 $G(s)H(s)$ が

$$G(s)H(s)=\frac{N(s)}{D(s)} \quad (5・3)$$

のように分子多項式 $N(s)$ と分母多項式 $D(s)$ で与えられると，フィードバック制御系の特性方程式は式(5・4)になる.

$$D(s)+N(s)=0 \quad (5・4)$$

一般に，特性方程式のすべての根の実部符号が負であることが安定であるための必要十分条件である．これらの根は，特性方程式を解くことによって求められるが，特性方程式自体はその係数によって定まるため，係数の関係から直接根の符号が決定できれば根を求める必要がなく，安定性を調べたり，また制御系設計を行ううえで便利である．このような考え方に沿った安定判別法として，**ラウスの安定判別法**と**フルビッツの安定判別法**がある.

5・1・2　漸近安定性とは

安定性の中でも，時間とともに値が減少する場合を特に**漸近安定**(asymptotically stable)という．伝達関数のインパルス応答は，特性方程式の根を λ_i ($i=1,2,\cdots,n$) とすると，式(5・5)のような指数関数の和の形で求まる.

$$g(t)=\sum_{i=1}^{n} c_i e^{\lambda_i t} \quad (5・5)$$

ここで，c_i は定数である．もし，この λ_i ($i=1,2,\cdots,n$) の値が負の実数であれば，時間とともに各項は減少し，0に漸近する．このような応答が漸近安定である．もし，特性方程式の根 λ_i が $\alpha_i+j\beta_i$ のように複素数である場合はさらに共役な根 $\overline{\lambda_i}$ が必ずあり，和を求めると振動する実数値となる．そこで，この応答 $g(t)$ の絶対値を取ると

$$|g(t)|\leq\sum_{i=1}^{n}|c_i|e^{\alpha_i t} \quad (5・6)$$

のような不等式で評価することができる．すなわち，**漸近安定であるためには特性方程式のすべての根が実数である場合は負であること．また，複素数である場合はその実部が負であることが必要十分条件である．** 例えば，次のような2個の複素根を持つ伝達関数の場合を考えてみる．

> **Note**
>
> フィードバック制御系の安定判別を特性根の複素平面上での分布で表現すると，次のようになる（下図参照）.
>
> - すべて左半平面（虚軸を含まない）にあれば，安定
> - 一つでも右半平面（虚軸を含まない）にあれば，不安定
> - いくつかが虚軸上にあり，他の残りのすべては左半平面にあれば安定限界

$$G(s)=\frac{1}{s^2+2s+2}$$

特性根は，$-1+j2$, $-1-j2$ となり，その実部は両方とも -1 で負の値を持つ．インパルス応答の絶対値は

$$|g(t)|\leq 2e^{-t}$$

と評価され，その大きさは時間とともに漸近的に減少するので漸近安定である．

5・2　ラウスの安定判別法

5・2・1　ラウス表

ラウスの安定判別法（Routh's stability criterion）は，表を用いて安定判別を行う手法である．特性方程式が

$$a_0s^n+a_1s^{n-1}+\cdots+a_n=0 \tag{5・7}$$

で与えられているとき，方程式の係数を一つおきに取り出して，表のはじめの2行を次のように設定する．n が偶数のときを例に，以下に表の作成法を示す．

n	a_0	a_2	a_4	$\cdots$	a_{n-2}	a_n	0
$n-1$	a_1	a_3	a_5	$\cdots$	a_{n-1}	0	

次の3行目以降を求めるのに，この直前の2行の係数から次のように計算する．

n	a_0	a_2	a_4	$\cdots$	a_{n-2}	a_n	0
$n-1$	a_1	a_3	a_5	$\cdots$	a_{n-1}	0	

$$b_1=\frac{a_1a_2-a_0a_3}{a_1}=\frac{-\begin{vmatrix}a_0 & a_2\\ a_1 & a_3\end{vmatrix}}{a_1} \qquad b_2=\frac{a_1a_4-a_0a_5}{a_1}=\frac{-\begin{vmatrix}a_0 & a_4\\ a_1 & a_5\end{vmatrix}}{a_1} \quad \cdots \tag{5・8}$$

以下，同様にして直前の2行の係数から4行目以降の係数を求める．

$$c_1=\frac{b_1a_3-a_1b_2}{b_1}=\frac{-\begin{vmatrix}a_1 & a_3\\ b_1 & b_2\end{vmatrix}}{b_1} \qquad c_2=\frac{b_1a_5-a_1b_3}{b_1}=\frac{-\begin{vmatrix}a_1 & a_5\\ b_1 & b_3\end{vmatrix}}{b_1} \quad \cdots \tag{5・9}$$

以上を繰り返すことによって，次のような表を求めることができ，これをラウス表という．

n	a_0	a_2	a_4	$\cdots$	$\cdots$	a_{n-2}	a_n	0
$n-1$	a_1	a_3	a_5	$\cdots$	$\cdots$	a_{n-1}	0	0
$n-2$	b_1	b_2	b_3	$\cdots$				
$\vdots$	$\vdots$							
1	d_1	0						
0	e_1	0						

5・2・2 ラウス表による安定判別

ラウスの安定判別法は，このラウス表の計算された係数の1列目の符号を調べ，すべて正である場合は安定である．また，そうでなければ不安定であり，符号の反転する回数だけ不安定根がある．ラウスの安定判別の特徴は，不安定である場合，その不安定根の個数がわかることである．したがって，ラウスの安定判別法は次のようにまとめられる．

> 制御系が安定であるための必要十分条件は，特性方程式の係数がすべて存在し正であることに加え，ラウス表の第1列の符号がすべて正であることである．もし符号が反転するときは不安定であり，その反転の回数は不安定根の個数を示す．

特性方程式にパラメータがある場合にも，以下の例に示すように安定性を検討することができる．

例えば，特性方程式が

$$s^3 + 2s^2 + 3s + 4 = 0$$

である場合は係数がすべて存在し正であり，ラウス表は次のようになり，係数の第1列の符号がすべて正であるから安定である．

3	1	3	0
2	2	4	0
1	1	0	
0	4		

また，特性方程式が

$$s^3 + 2s^2 + 3s + 8 = 0$$

である場合は係数がすべて存在し正であるが，そのラウス表は次のようになり，係数の第1列目に正から負，負から正に符号が2回反転しているので不安定であると同時に不安定根が2個あることがわかる．

3	1	3	0
2	2	8	0
1	−1	0	
0	8		

特に，係数にパラメータ ε がある場合は以下のようにして ε に対する安定条件を求めることができる．

$$s^3 + \varepsilon s^2 + 3s + 4 = 0$$

ラウス表は次のようになる．

3	1	3	0
2	ε	4	0
1	$3-\dfrac{4}{\varepsilon}$	0	
0	4		

係数の第1列が正であるためには，パラメータ ε は

$$\varepsilon > \frac{4}{3}$$

である必要がある．したがって，パラメータ ε が上式を満たせば安定である．それ以外では2個の不安定根を持つ．

5・3　フルビッツの安定判別法

フルビッツの安定判別法（Hurwitz's stability criterion）は，特性方程式の係数がすべて存在し，正であることに加え，行列状に配置することによって式(5・10)のような行列 H を構成することから判別する手法である．

まず，行列の対角要素に特性方程式の係数を高次のべき順に並べる．次に，対角要素を中心にして行に一次おきに係数を前後に配置する．この行列 H は特性方程式に対して**フルビッツ行列**（Hurwitz matrix）と呼ばれ，すべての主小行列式が正であるとき，特性方程式のすべての根の実部は負になる．フルビッツの安定判別法は，パラメータ係数が未定の場合，安定であるための範囲を容易に求めることができる．

$$H = \begin{pmatrix} a_1 & a_3 & \cdots & \cdots & 0 \\ a_0 & a_2 & a_4 & \cdots & 0 \\ \vdots & \vdots & \ddots & \cdots & \vdots \\ 0 & \cdots & a_{n-3} & a_{n-1} & 0 \\ 0 & \cdots & a_{n-4} & a_{n-2} & a_n \end{pmatrix} \tag{5・10}$$

$$H_1 = a_1 > 0 \tag{5・11}$$

$$H_2 = \begin{vmatrix} a_1 & a_3 \\ a_0 & a_2 \end{vmatrix} > 0 \tag{5・12}$$

$$\vdots$$

$$H_n = \begin{vmatrix} a_1 & a_3 & \cdots & \cdots & 0 \\ a_0 & a_2 & a_4 & \cdots & 0 \\ \vdots & \vdots & \ddots & \cdots & \vdots \\ 0 & \cdots & a_{n-3} & a_{n-1} & 0 \\ 0 & \cdots & a_{n-4} & a_{n-2} & a_n \end{vmatrix} > 0 \tag{5・13}$$

例えば，次のパラメータ α と β がある特性方程式では

$$s^3 + \alpha s^2 + s + \beta = 0$$

$$H = \begin{pmatrix} \alpha & \beta & 0 \\ 1 & 1 & 0 \\ 0 & \alpha & \beta \end{pmatrix}$$

$H_1 = \alpha > 0$

$H_2 = \begin{vmatrix} \alpha & \beta \\ 1 & 1 \end{vmatrix} = \alpha - \beta > 0$

$H_3 = \begin{vmatrix} \alpha & \beta & 0 \\ 1 & 1 & 0 \\ 0 & \alpha & \beta \end{vmatrix} = (\alpha - \beta)\beta > 0$

したがって，$\alpha > 0$，$\beta > 0$，$\alpha > \beta$ の不等式が安定であるためのパラメータに対する条件である．フルビッツの安定判別法では，係数のパラメータが何個か含まれるときでも解析することができ，その場合は安定であるためのパラメータはパラメータ次元空間の領域となり，コンピュータを使うことによって範囲を図示することができる．また，ラウスの安定判別法とフルビッツの安定判別法は等価であることが知られている．

> **Note**
> ラウスの安定判別法とフルビッツの安定判別法は，次の関係でつながっているので等価である．
> $a_1 = H_1$
> $b_1 = H_2 / H_1$
> $c_1 = H_3 / H_2$
> $d_1 = H_4 / H_3$
> ⋮

5・4 ナイキストの安定判別法と安定度

5・4・1 ナイキストの安定判別方法

フィードバック制御系において，その開ループ伝達関数からナイキスト軌跡（ベクトル軌跡）を描き，フィードバック制御系の安定性を判別することができる．このように，開ループ伝達関数のベクトル軌跡から閉ループ系の安定性を，ベクトル軌跡のグラフ特性から安定判別する手法が**ナイキストの安定判別法**（Nyquist's stability criterion）である．

ナイキストの安定判別法は図による手法であることが特徴であり，ナイキスト軌跡の形状から閉ループを構成したときの安定性の程度（ゲイン余裕，位相余裕）を推測することができる．このとき注意しなければならないのは，開ループ系の安定性について述べているのではなく，閉ループ系を構成したときの安定性に対する安定の余裕であることである．この意味で，フィードバック制御系の設計指標として用いることができる利点がある．

開ループ伝達関数 $G(s)H(s)$ は，一般に式(5・14)のように表せる．

$$G(s)H(s) = \frac{N(s)}{D(s)} \tag{5・14}$$

つまり，分母多項式 $D(s)$ と分子多項式 $N(s)$ の有理関数として表すことができる．実システムとして分母多項式の次数を n，分子多項式の次数を m とすると，直達係数がない場合は次式を満たしている．

$m < n$

また，開ループ伝達関数 $G(s)H(s)$ から閉ループ系の特性方程式は

$$1 + G(s)H(s) = 0 \tag{5・15}$$

である．次に，式(5・16)のように特性方程式を考え，左辺は開ループ系伝達関数を

複素変数 s の複素関数とみなしたとき，値域の実部を 1 だけシフトした複素関数と考えることができる．

$$P(s) = 1 + G(s)H(s) = 0 \tag{5・16}$$

いま，$P(s)$ が右複素半平面に Z 個の零点を持っているとする．また，右複素半平面には P 個の極を持っていると仮定すると，左複素半平面には $m-Z$ 個の零点があり，$n-P$ 個の極がある．

複素平面上で，$s = j\omega$ と置いて $P(s)$ のベクトル軌跡を考える．次のような ω の範囲で軌跡をたどると，そのときの $P(s)$ の位相を $\phi(s)$ と置き，角周波数 ω を 0 から $+\infty$ に変化させた場合の偏角の差 $\Delta\varphi$ は式(5・17)のように求めることができる．

$$\Delta\varphi = \varphi(+\infty) - \varphi(0) \tag{5・17}$$

この値は，右複素半平面に存在する極および零点の個数から，式(5・18)のように与えられる．

$$\Delta\varphi = (P-Z)\pi \tag{5・18}$$

したがって，右複素半平面に極と零点がなければ

$$\Delta\varphi = 0 \tag{5・19}$$

である．一方，開ループ系の伝達関数 $G(s)H(s)$ に置き換えて考えると，実部の値が 1 シフトしているので，偏角は $(-1+j0)$ からの偏角を考えることになる．上記の場合は開ループ伝達関数 $G_0(s)$ のベクトル軌跡が $(-1+j0)$ を左に見て囲まないことを意味している．このようにして，図の軌跡から安定判別を行う手法がナイキストの安定判別法である．

例えば，開ループ伝達関数が

$$G_0(s) = \frac{1}{s+1}$$

の場合，右複素半平面と虚軸には極も零点がないから $P=0$，$Z=0$ であり

$$\Delta\varphi = 0$$

となり安定である．以上をまとめると，ナイキストの安定判別法 I は次のように述べることができる．

> 【ナイキストの安定判別法 I】
> 閉ループ系の安定性は，開ループ伝達関数の零点が右複素半平面になく，偏角について次式のようになるとき漸近安定である．ただし，右複素半平面にある極が P 個あるものとする．
> $$\Delta\varphi = P\pi$$

開ループ伝達関数の極が右複素半平面に存在しない場合には，ナイキストの安定判別法に関する偏角の式は $\Delta\varphi = 0$ となり，次のように簡略化して述べることができる．

> 【ナイキストの安定判別法 II】
> 開ループ伝達関数のベクトル軌跡が複素平面で $(-1+j0)$ を左に見て原点に近づくとき閉ループ系は漸近安定である．

例えば，次のような開ループ系の伝達関数を考えてみよう．
$$G_0(s) = \frac{K}{s^3 + 2s^2 + 2s + 1}$$

このナイキスト線図は，$K=1$ のとき図 5・2 のようになる．$(-1+j0)$ を左に見て囲むことはない．したがって安定である．

また，$K=10$ のときは図 5・3 のようになり，$(-1+j0)$ を囲むことから不安定である．

一方，一次遅れ系のナイキスト線図は図 5・4 のようになり，いくらゲインを上げても理論的に不安定になることはない．

しかし，これにむだ時間が入ると図 5・5 のようになり，ゲインが大きくなると $(-1, j0)$ を幾重にも囲むことになり不安定となることがわかる．

したがって，簡単な一時遅れ系でもむだ時間がループ上に入ってしまうと容易に不安定になる．

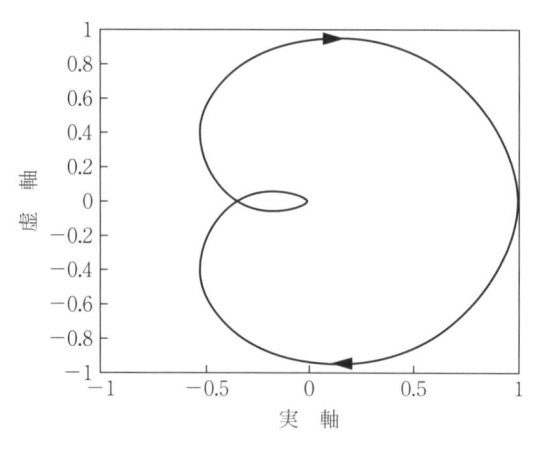

図 5・2　ナイキスト線図 ($K=1$)

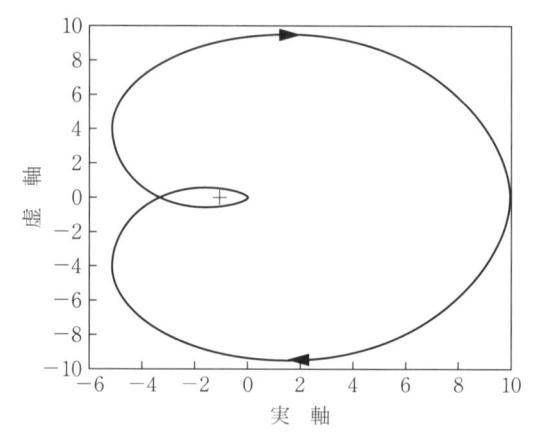

図 5・3　ナイキスト線図 ($K=10$)

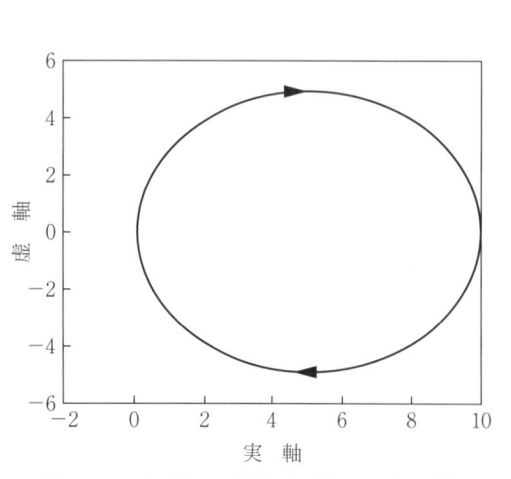

図 5・4　ナイキスト線図 ($G(s)=10/(s+1)$)

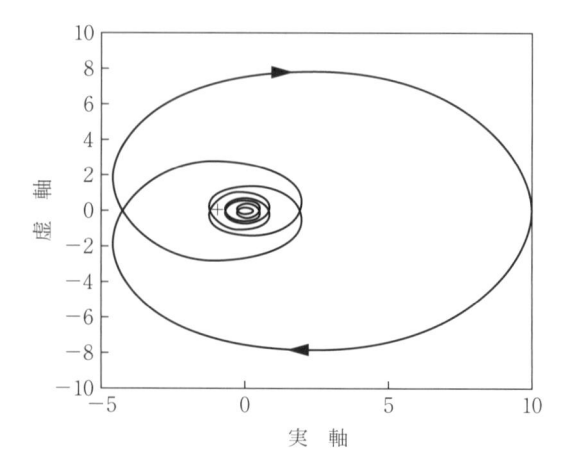

図 5・5　ナイキスト線図 ($G(s)=10\,e^{-t}/(s+1)$)

5・4・2 ゲイン余裕

ナイキストの安定判別法から，複素平面において点$(-1+j0)$からナイキスト軌跡が離れていれば安定性の余裕があると考えられる．そこで，ナイキスト軌跡が実軸と交わるとき，すなわち位相が$-180°$になるときの周波数を**位相交差周波数**（phase crossover frequency）といい，**ゲイン余裕**（gain margin）はナイキスト軌跡が実軸と交わる点の原点からの距離の逆数をデシベル単位で示した値である．

図5・6のボード線図に示すように，位相が$-180°$になる位相交差周波数のゲインが0 dBより下がっている値がゲイン余裕である．

この交点が原点に近ければその値は大きくなり，ナイキスト軌跡は$(-1+j0)$からより多く離れることになるので，その場合の閉ループ系はより安定性に余裕があると考えられる．複雑な開ループでない場合は，この特性が当てはまる．

$$G_m = 20\log\left|\frac{1}{G(j\omega_{-180°})}\right| \tag{5・20}$$

例えば，開ループ伝達関数が式(5・21)のとき，位相交差周波数は$\omega_{-180°}=1.7$で，$G_m=4.1$ dBである．

$$G(s) = \frac{5}{(s+1)^3} \tag{5・21}$$

一般的な経験則から，定値制御系ではゲイン余裕は3 dBから10 dBの余裕が必要であるといわれている．また，追値制御の場合は10 dBから20 dBが必要である．

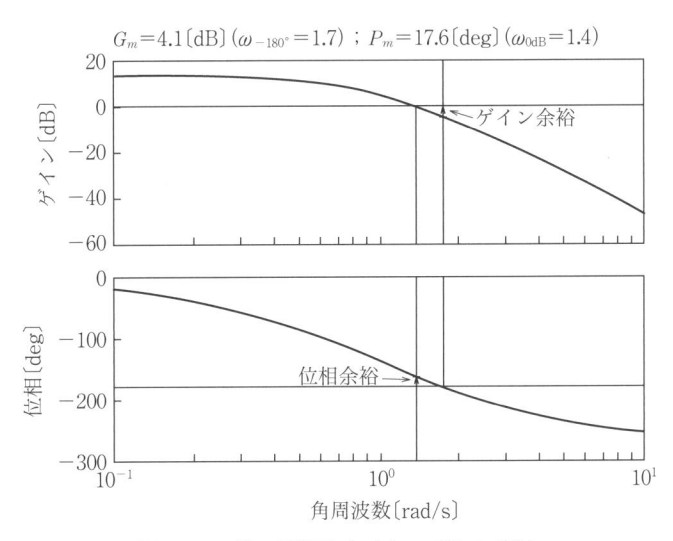

図 5・6 ボード線図 $(G(s)=5/\{(s+1)^3\})$

5・4・3 位相余裕

位相余裕（phase margin）はゲイン余裕と同じく，原点を中心として半径1の円を描いたときに，ナイキスト軌跡が交わる点の位相が$-180°$からどの程度離れ

ているかを角度（°）で示した値である．また，単位円と交わるときの周波数を**ゲイン交差周波数**（gain crossover frequency）という．

$$P_m = 180° + \angle G(j\omega_{0dB}) [°] \tag{5・22}$$

式(5・21)の例では，ゲイン交差周波数 $\omega_{0dB}=1.4$ で位相余裕 $P_m=17.6°$ である．この値が大きいほど $(-1+j0)$ から多く離れているので，安定性の余裕としてこの値を用いることができる．一般に定値制御では 20° 以上あればよいと考えられている．また，追値制御では特性に対する条件は厳しくなり，40～60° あればよいといわれている．

演習問題

問 5・1 次の開ループ系の伝達関数が与えられたとき，その閉ループ系の特性方程式を求めよ．
$$G_0(s) = \frac{s+1}{s^3+3s^2+2s}$$

問 5・2 次の開ループ系の伝達関数が与えられたとき，その閉ループ系のインパルス応答を求め，漸近安定であるかどうかを調べよ．
$$G_0(s) = \frac{1}{s^2+2s}$$

問 5・3 次のように特性方程式が与えられているとき，ラウス表を求め，安定判別せよ．
$$s^4+5s^3+3s^2+2s+1=0$$

問 5・4 次のように特性方程式にパラメータ ε を含んでいるとき，ラウスの安定判別法を適用して安定であるための ε の範囲を求めよ．
$$s^4+5s^3+3s^2+(2+\varepsilon)s+1=0$$

問 5・5 次のような開ループ系の伝達関数が与えられているとき，閉ループ系の安定性をフルビッツの安定判別法で検討せよ．
$$G_0(s) = \frac{4}{s^3+3s^2+2s+4}$$

問 5・6 虚軸上に極がある場合は，ナイキストの安定判別法 I および II はどのようになるか．

問 5・7 次の伝達関数について，各問に答えよ．
$$G_0(s) = \frac{45}{(s+2)(s+3)^2}$$

(1) この伝達関数のナイキスト線図を書け．
(2) この伝達関数を開ループ系とする閉ループ系の安定性を，ナイキストの安定判別法で検討せよ．
(3) この伝達関数を開ループ系とする制御系の位相余裕とゲイン交差周波数を求めよ．
(4) この伝達関数を開ループ系とする制御系のゲイン余裕と位相交差周波数を求めよ．

6章 定常特性

フィードバック制御システムは，与えられた目標値に対して制御量が追従することが望ましい．例えば，直線運動する位置制御システムにおいて起点より 10 mm の目標値が入力された場合，しばらく時間が経った後，ちょうど 10 mm に制御対象が位置すべきである．しかし，システムの構成によっては，時間が経った後も 9 mm の位置で静止し，定常的に 1 mm の偏差が生じてしまうことがある．

本章では，前向き伝達関数と定常偏差の関係を明らかにする．すなわち，目標値，外乱と制御量の伝達関数を導出し，目標値のステップ入力，ランプ入力，加速度入力に対する応答を明らかにする．また，ステップ状の外乱力に対する応答について学ぶ．

6・1 定常偏差

図 6・1 は前向き伝達関数 $G(s)$，フィードバック伝達関数 $H(s)$ からなるフィードバック系を示している．目標値 $R(s)$ とフィードバック伝達関数の制御量が減算され，加減算器が動作信号 $E'(s)$ を発生する．動作信号は前向き伝達関数により増幅される．さらに，外乱 $D(s)$ が印加され，制御量になる．

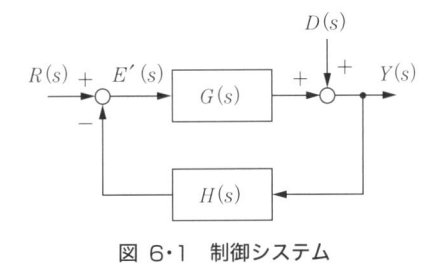

図 6・1 制御システム

Note
動作信号 $E'(s)$
$= R(s)$
$\quad - H(s)Y(s)$
偏差 $E(s) =$
$\quad R(s) - Y(s)$
であることを思い出そう．
$H(s) = 1$ の直結フィードバック系のときには
$E'(s) = E(s)$
となる．

定常状態でのフィードバック制御の主な目的は，以下の 2 点である．
① 目標値に制御量が追従する．
② 外乱印加による制御量変動を極力小さくする．

そこで，いかに $G(s)$，$H(s)$ を決定すれば，これらの目的を実現できるのかが問題になる．特に，これらの伝達関数の積 $G(s)H(s)$ は重要であり，**開ループ伝達関数**（loop transfer function）と呼ばれる．

前向き伝達関数の一般的な形式は，式 (6・1) で表すことができる．

$$G(s) = \frac{Ke^{-sL}(b_0 s^m + b_1 s^{m-1} + \cdots + b_{m-1}s + 1)}{s^l(a_0 s^n + a_1 s^{n-1} + \cdots + a_{n-1}s + 1)} \tag{6・1}$$

特に，l の値が 0 であり，積分要素がない場合を **0 形**（type 0）**の制御系**という．また，l が 1，2 である場合をそれぞれ **1 形**（type 1）**の制御系**，**2 形**（type 2）**の制御系**という．この l の値は，**定常特性**（steady state characteristics）を決定するうえで極めて重要になる．

Note
$H(s) = 1$ である直結フィードバック系では，一巡伝達関数は $G(s)$ になる．本章では主として直結フィードバック系について論じている．直結フィードバックでない場合については，演習問題で取り扱う．

【例題1】 フィードバック伝達関数を1とし,外乱がない場合に制御量と偏差を目標値の関数として導出せよ.一方,目標値が0であるとし,制御量と偏差を外乱の関数として導出せよ.さらに,重ね合わせの理を用いて,制御量,偏差をブロック線図で表せ.

【解答】 図6・1にて $H(s)=1$, $D(s)=0$ とすると, $Y(s)$ は

$$Y(s)=\frac{G(s)}{1+G(s)}R(s) \qquad (6\cdot2)$$

である.$G(s)$ が1に比較して十分大きければ,制御量は目標値に追従することが明らかである.

$E(s)$ は,前向き伝達関数が1でフィードバック伝達関数が $G(s)$ であるブロック図になるので

$$E(s)=\frac{1}{1+G(s)}R(s) \qquad (6\cdot3)$$

になる.$G(s)$ が1に比較して十分大きければ,偏差は0になることが明らかである.

一方,$R(s)=0$ である場合は,それぞれ

$$Y(s)=\frac{1}{1+G(s)}D(s) \qquad (6\cdot4)$$

$$E(s)=\frac{-1}{1+G(s)}D(s) \qquad (6\cdot5)$$

である.外乱 $D(s)$ が制御量に加わっても,フィードバックの効果により $1/\{1+G(s)\}$ 倍に抑圧されることがわかる.

$R(s)=0$ とした場合と $D(s)=0$ とした場合の重ね合わせが制御量,偏差になるので,制御量,偏差はそれぞれ図6・2,図6・3となる.

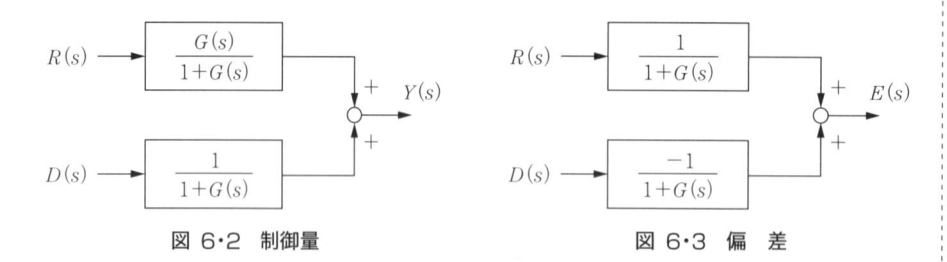

図6・2 制御量   図6・3 偏差

この例題から,時間領域での偏差 $e(t)$ は,$E(s)$ にラプラス逆変換を施すことによって得られる.つまり

$$e(t)=\mathcal{L}^{-1}[E(s)] \qquad (6\cdot6)$$

いま,十分時間が経った後の定常状態を考えてみる.この場合

$$e(\infty)=\lim_{t \to \infty}e(t) \qquad (6\cdot7)$$

の値だけを知ればよい.そのためには,式(6・6)を計算しないでラプラス変換の最終値の定理が適用できて

$$e(\infty)=\lim_{t \to \infty}e(t)=\lim_{s \to 0}sE(s) \qquad (6\cdot8)$$

によって計算できる.

ここで,目標値,外乱がステップ状であり,十分時間が経った後の定常状態を考えてみる.この場合,$s \to 0$ でのゲインがフィードバック系の特性を決定する.図

6・2から，$G(0)\gg 1$ であれば制御量は目標値に追従し，外乱の影響は軽減される．また，図6・3から，$G(0)\gg 1$ であれば目標値，外乱により発生する偏差は抑圧される．したがって，$s\to 0$，すなわち周波数0でのゲインを向上することが定常状態でのフィードバック系の特性向上に重要である．

6・2 ステップ入力時の定常偏差

図6・4は，$H(s)=1$ の直結フィードバック系の目標値にステップ状の高さ1の信号が入力された場合の制御量 $y(t)$，偏差 $e(t)$ を描いている．時刻0で目標値がステップ状に立ち上がると制御量も徐々に増加している．しかし，増加は緩慢になり，十分時間が経た後も目標値よりやや小さい値に収束し，定常偏差を生じている．偏差は時刻0で最も大きく，時間が経つにつれて減少し，十分時間が経った後に0ではないある一定値に収束し，定常偏差 (steady state error) を生じている．ステップ入力時の定常偏差を，**定常位置偏差** (steady state position error) という．

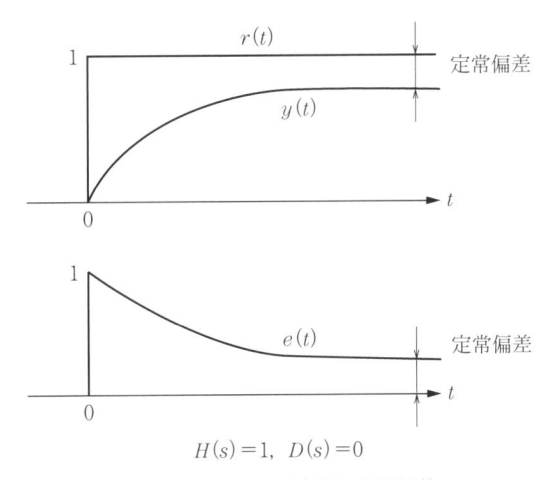

図 6・4 ステップ応答と定常偏差

ステップ入力時の定常偏差は，最終値の定理に式(6・3)を代入し

$$e(\infty)=\lim_{s\to 0}sE(s)=\frac{1}{1+G(0)} \tag{6・9}$$

である．すなわち，$s=0$ での前向き伝達関数により定常偏差は決定する．

そこで，$G(0)$ の値について考察してみる．$G(s)$ の一般形は式(6・1)で与えられる．式(6・1)では分母の s^l の項を除いて，$s\to 0$ の際に一定値1あるいは K である．そこで，s^l の項に着目して以下のように場合分けする．

（a） $l=0$ の場合

$G(0)=K$ である．そこで，

$$e(\infty)=\frac{1}{1+K} \tag{6・10}$$

である．もし，$K\gg 1$ であれば $e(\infty)=1/K$ になる．すなわち，定常偏差は周波数

0 での一巡伝達関数の逆数になる．そのため，K を**位置偏差定数**（position error constant）という．

（b） $l \geq 1$ の場合

$G(0) = \infty$ であり，$e(\infty) = 0$ である．すなわち，定常偏差は 0 であり，制御量は目標値に一致する．

【例題 2】 $H(s) = 1$ である直結フィードバックシステムに，目標値として単位ステップ信号が印加された．$G(s)$ が以下の値であるとき，それぞれ定常偏差を求めよ．

(1) $G(s) = 10$ (2) $G(s) = 100$ (3) $G(s) = 1\,000$

(4) $G(s) = 10/(1 + 10s)$ (5) $G(s) = 10/s$

【解 答】 (1)～(4) は 0 形の系であり，式 (6・9) から定常偏差を算出できる．すなわち，

(1) 0.09，(2) 0.01，(3) 0.001，(4) 0.09 である．(5) は 1 形の系であるので，定常偏差は 0 である．

【例題 3】 $H(s) \neq 1$ である場合について，最終値の定理に基づいて定常動作信号を導出せよ．ただし，外乱を 0 としてよい．

【解 答】
$$e(\infty) = \lim_{s \to 0} sE(s) = \lim_{s \to 0} s \frac{R(s)}{1 + G(s)H(s)} \tag{6・11}$$

【例題 4】 以下の $H(s)$ を持つシステムの単位ステップ入力時の定常動作信号を導出せよ．ただし，$G(s) = 10/(1 + sT)$ とせよ．

(1) $H(s) = 1$ (2) $H(s) = 10$ (3) $H(s) = 1/s$

【解 答】 単位ステップ入力時の定常動作信号は，式 (6・11) に $R(s) = 1/s$ を代入して，式 (6・12) で表される．

$$e(\infty) = \frac{1}{1 + G(0)H(0)} \tag{6・12}$$

$G(0) = 10$ であるので，(1) では $e(\infty) = 0.09$，(2) では $e(\infty) = 0.009$ である．(3) では $e(\infty) = 0$ である．

【例題 5】 $G(s) = K/(1 + s)$，$H(s) = 1$ であり，外乱は無視できるシステムがある．K が以下の値であるときに，単位ステップ応答を描け．

$K = 2, 10, 20, 100$

【解 答】 $Y(s) = \dfrac{K}{s(s + K + 1)}$

であり，部分分数展開すると

$$Y(s) = \frac{K}{s(K+1)} - \frac{K}{K+1} \cdot \frac{1}{s + K + 1}$$

である．したがって，時間領域に変換すると

$$y(t) = \frac{K}{K+1}\{1 - e^{-(K+1)t}\}$$

である．時刻 $t = 0$ では $y(0) = 0$ である．また，各 K に対する時定数での値，最終値は以下のとおりになる．

$K = 2$： $t = 0.33$ にて $y = 0.42$ $t \to \infty$ にて $y = 0.67$

$K = 10$： $t = 0.09$ にて $y = 0.57$ $t \to \infty$ にて $y = 0.91$

$K = 20$： $t = 0.05$ にて $y = 0.60$ $t \to \infty$ にて $y = 0.95$

$K=100$：$t=0.01$ にて $y=0.63$ $t\to\infty$ にて $y=0.99$

ステップ応答は，図 6・5 に示す概形になる．

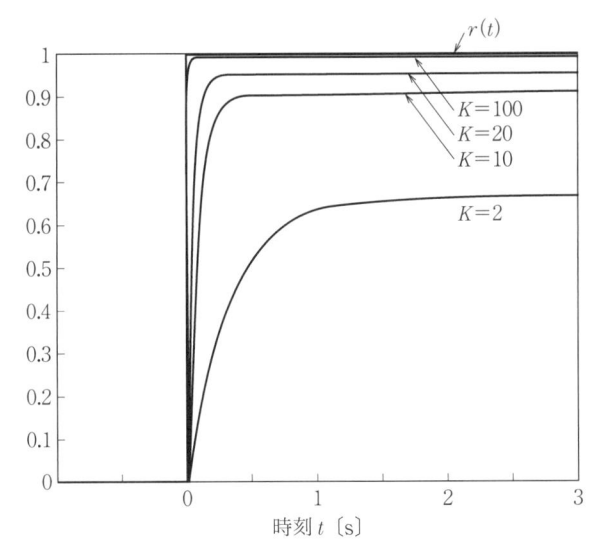

図 6・5　単位ステップ応答と定常偏差の例

6・3　ランプ入力時の定常偏差

前節では，ステップ入力時の定常偏差について学んだ．本節では，目標値が時刻とともに変化する**ランプ入力**時の**定常偏差**について学ぶ．

ランプ関数は，時刻に比例して増加する関数であり，以下の式で表される．

$$r(t) = vt \tag{6・13}$$

ここで，v は定数である．$r(t)$ を位置であるとすると，v は速度であるので，**定速度入力**という．この関数をラプラス変換すると

$$R(s) = \frac{v}{s^2} \tag{6・14}$$

である．

図 6・6 はランプ入力の波形とその応答を示している．目標値が時々刻々と変化するため，応答が追従するのは難しくなることが容易に予測できる．外乱が 0 で $H(s)=1$ の直結フィードバック系であれば，偏差は式 (6・15) で表される．

$$E(s) = \frac{1}{1+G(s)} \cdot \frac{v}{s^2} \tag{6・15}$$

したがって，最終値の定理により定常偏差は

$$e(\infty) = \lim_{s\to 0} sE(s) = \lim_{s\to 0} \frac{v}{s[1+G(s)]} \tag{6・16}$$

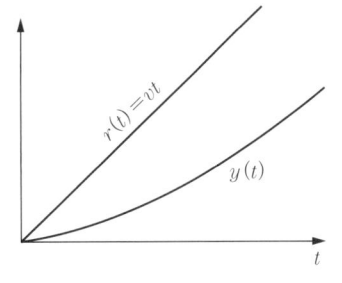

図 6・6　ランプ入力と応答

である．定速度入力時の偏差であるので，**定常速度偏差**（steady state velocity

> **Note**
> ランプ関数を定速度関数と呼ぶことがある．

error) という. 以下では，$v=1$ として $G(s)$ の一般形について考察する.

① $l=0$ である 0 形の系では $\lim_{s \to 0} s[1+G(s)] = 0$ である. そこで，$e(\infty)=\infty$ になり，応答は目標値と大きな偏差を持つことになる.

② $l=1$ である 1 形の系では $\lim_{s \to 0} s[1+G(s)] = K$ である. そこで，$e(\infty)=1/K$ になり，K が十分大きければ応答は目標値にかなり近い. この K を**速度偏差定数**（velocity error constant）という.

③ $l \geq 2$ であれば，$\lim_{s \to 0} s[1+G(s)] = \infty$ である. そこで，$e(\infty)=0$ になり，応答は目標値に追従する. しかし，以下の例題で明らかなように，一般的に 2 形以上の系では安定性に問題がある場合が多い.

【例題 6】 以下の $G(s)$ を用いた直結フィードバック系について，$v=1$ のランプ入力時の応答をコンピュータシミュレーションにより描け. また，応答について考察せよ.

(1) $G(s) = \dfrac{10}{1+s}$ (2) $G(s) = \dfrac{10}{s(1+s)}$

【解 答】 図 6・7 は，ランプ入力とそれぞれの前向き伝達関数の場合の応答を描いている. (1)は制御量が時刻とともに増加しているものの，入力も時刻とともに増加しているため，定常偏差が増加していることが明らかである. 0 形の系であるので，時刻無限大では定常偏差は極めて大きくなる.

一方，(2)は時刻 1 秒までは偏差が大きいが，徐々に目標値に対して追従しており，1 秒後には偏差が徐々に減少している. K が 10 であるので，約 10% の定常偏差しか発生しない.

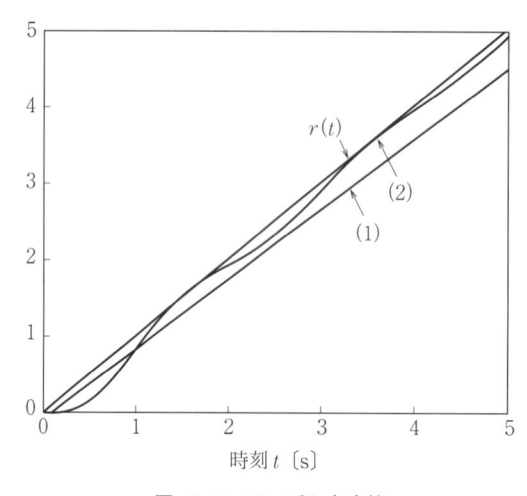

図 6・7 ランプ入力応答

【例題 7】 例題 6 に引き続き，以下の $G(s)$ の場合の応答について定常偏差を算出せよ. さらに，コンピュータシミュレーションにより安定性について考察せよ.

$$G(s) = \dfrac{1}{s^2(1+s)}$$

【解 答】 2 形の系であるので理論的には定常偏差は 0 になる. しかし，この直結フィードバック系は安定なシステムではないため応答は発散してしまう.

6・4 定加速度入力時の定常偏差

本節では，時刻の二乗に比例して増加する**定加速度入力時**の**定常偏差**，すなわち**定常加速度偏差**（steady state acceleration error）について考察する．まず，定加速度関数は，a を定数とすると

$$r(t) = \frac{1}{2} a t^2 \tag{6・17}$$

で表される．この関数をラプラス変換すると

$$R(s) = \frac{a}{s^3} \tag{6・18}$$

である．いま，外乱が無視でき，$H(s)=1$ である場合は

$$sE(s) = \frac{1}{1+G(s)} \cdot \frac{1}{s^2} \tag{6・19}$$

である．以下，$G(s)$ の一般形について次のように定常偏差を考察できる．

① **0形の系**：$\lim_{s \to 0} s^2\{1+G(s)\}=0$ である．そこで，$e(\infty)=\infty$ になり，$t \to \infty$ では目標値と応答は大きな偏差を持つことになる．

② **1形の系**：$\lim_{s \to 0} s^2\{1+G(s)\}=0$ である．そこで，$e(\infty)=\infty$ になり，$t \to \infty$ では目標値と応答は大きな偏差を持つことになる．

③ **2形の系**：$\lim_{s \to 0} s^2\{1+G(s)\}=K$ である．そこで，$e(\infty)=1/K$ になり，K が十分大きければ $t \to \infty$ では目標値と応答の偏差は少ない．この K を**加速度偏差定数**（acceleration error constant）という．

④ **3形以上の系**：$\lim_{s \to 0} s^2\{1+G(s)\}=\infty$ である．そこで，$e(\infty)=0$ になり，$t \to \infty$ では目標値と応答は一致する．

なお，いずれも場合も安定性が確保される必要がある．

【例題8】 以下の $G(s)$ を用いた直結フィードバック系について，$a=1$ の定加速度入力時の応答をコンピュータシミュレーションにより描け．また，応答について考察せよ．

(1) $G(s) = \dfrac{10}{1+s}$

(2) $G(s) = \dfrac{10}{s(1+s)}$

(3) $G(s) = \dfrac{1}{s^2(1+s)}$

【解 答】 図6・8は定加速度入力 (1)，(2) の場合の応答を描いている．(2)では2秒弱までは応答が遅れているが，それ以降では(1)よりも偏差は少ない．しかし，いずれも場合も0形，1形であるので，時刻とともに偏差は増加してしまう．なお，(3)は安定性に問題があり，応答は発散してしまう．

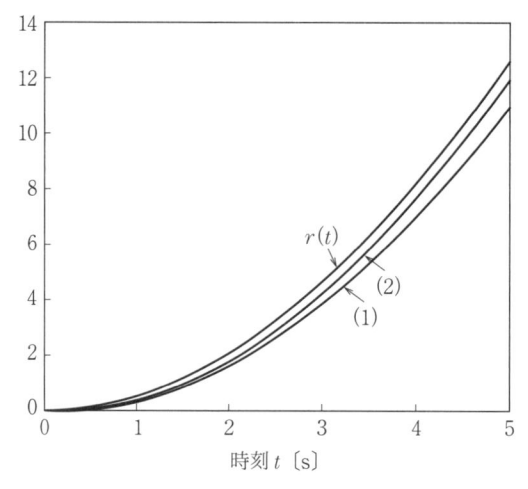

図 6・8　定加速度入力応答

6・5　ステップ外乱に対する定常偏差

前節までは主として目標値に対する制御量の追従性について学んできた．本節では，外乱が加わった際に制御量に発生する影響について考察する．特に，**外乱**がステップ状に印加した場合を取り上げる．

目標値 $R(s)=0$ であり，$H(s)=1$ である直結フィードバック系に高さ d の外乱がステップ状に印加されると，$D(s)=d/s$ であるので，制御量 $Y(s)$ は

$$Y(s)=\frac{1}{1+G(s)}\cdot\frac{d}{s} \tag{6・20}$$

である．制御量の最終値は

$$y(\infty)=\lim_{s\to 0}sY(s)=\frac{d}{1+G(0)} \tag{6・21}$$

である．以下，$G(s)$ の一般形について時刻無限大での制御量の値について考察する．

① **0形の系**：$G(0)=K$ であり，$y(\infty)=d/(1+K)$ である．K が十分大きければ $t\to\infty$ では外乱が応答に及ぼす影響は少ない．

② **1形以上の系**：$G(0)=\infty$ であり，$y(\infty)=0$ である．したがって，$t\to\infty$ では外乱が応答に及ぼす影響はない．

【例題9】　以下の $G(s)$ からなる直結フィードバック系に単位ステップ状の外乱が印加される．このときの制御量の波形を描け．また，定常偏差を算出せよ．なお，目標値は 0 である．

(1)　$G(s)=\dfrac{1}{1+s}$　　(2)　$G(s)=\dfrac{1}{s(s+2)}$

【解答】　制御量 $Y(s)$ は，式(6・4)に外乱 $1/s$ を代入して

$$Y(s)=\frac{1}{1+G(s)}\cdot\frac{1}{s} \tag{6・22}$$

Note
外乱とはどのようなものであろうか．例えば，磁気浮上システムを考えてみよう．δ 関数の外乱は浮上している物体をハンマでたたくことにより加えることができる．インパルスハンマは，加えた力を電圧として観察することができる．たたき方にこつがあるのは興味深い．

である．(1)の場合は，$G(s)$を代入して

$$Y(s) = \frac{s+1}{s+2} \cdot \frac{1}{s} \tag{6・23}$$

さらに，部分分数展開して，逆ラプラス変換すると，

$$y(t) = \frac{1}{2}[u(t) + e^{-2t}] \tag{6・24}$$

である．この数式から，以下の点が明らかである．
① 時刻0でyは1である．
② 時定数は0.5秒であり，時刻0.5秒で$y=0.69$である．
③ 時刻無限大で$y=0.5$である．したがって，外乱により定常的に制御量に影響が発生する．

図6・9は外乱と応答の波形を描いている．

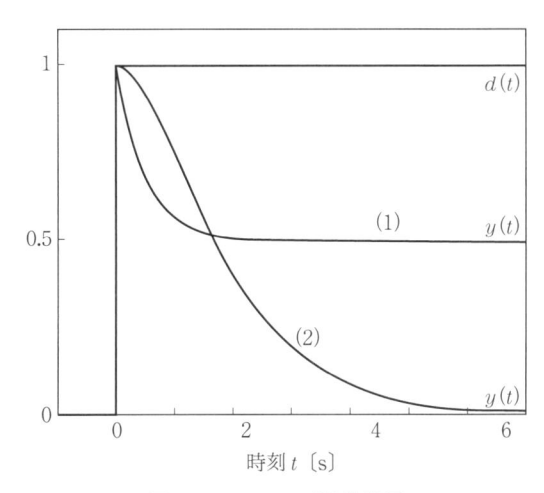

図 6・9 ステップ外乱抑圧

(2)の場合は，式(6・19)に$G(s)$を代入して

$$Y(s) = \frac{s(s+2)}{s^2+2s+1} \cdot \frac{1}{s} \tag{6・25}$$

である．部分分数に展開すると

$$Y(s) = \frac{1}{(s+1)^2} + \frac{1}{s+1} \tag{6・26}$$

になる．逆ラプラス変換すると

$$y(t) = (1+t)e^{-t} \tag{6・27}$$

である．この数式から，以下の点が考察できる．
① 時刻0で$y=1$である．
② 時定数は1であり，時刻1秒では$y=0.74$である．
③ 時刻2秒では$y=0.41$である．
④ 時刻3秒では$y=0.2$である．
⑤ 時刻無限大では$y=0$である．すなわち，外乱による影響は抑制される．

先に示した図6・9には，(2)の場合の応答も描かれている．時刻とともに制御量は減少し，最終的には0になる．(1)に比較して外乱に強いフィードバック系である．

Note

コンピュータシミュレーションは，制御系設計に大変役立つツールである．理工系ならば一つはツールが必要であろう．『Matlab＋simulink』が制御系設計ではよく利用されるが，比較的入手しやすいのは『マトリクスX』である．電気回路解析用のプログラムも利用できる．

【例題10】 図 6・10 に示すフィードバック系は，制御対象に対して直列に伝達関数 G_c が挿入されている．以下の条件下での制御量の応答をコンピュータシミュレーションにより算出せよ．

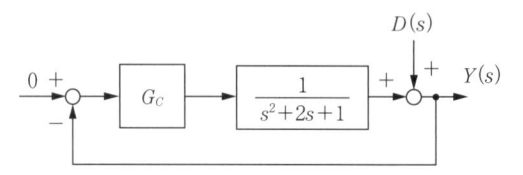

図 6・10 直列要素と定常偏差

(1) 単位ステップ状の外乱が時刻 1 秒にて加えられ，目標値が 0 であり，$G_c = 3, 10, 30, 10+5/s$ の四つの場合．G_c の値と応答について考察せよ．

(2) 単位ステップ状の目標値が時刻 1 秒にて加えられ，外乱が 0 であり，$G_c = 10, 10+5/s$ の二つの場合．定常偏差について考察せよ．

(3) 単位ステップ状の目標値が時刻 1 秒にて加えられ，さらに高さ -1 のステップ状の外乱が時刻 8 秒にて印加された場合．$G_c = 10, 10+5/s$ の二つの場合について算出せよ．また，(1)，(2) との関連について考察せよ．

【解答】 (1) 図 6・11 は，それぞれの G_c の場合の応答と加えられた外乱を描いている．理想的には，y は速やかに 0 になることが望ましい．まず，$G_c = 3$ の場合，時刻 1 秒にて 1 になり，緩やかに立ち下がるが，最終的には $y = 0.2$ 強の値に落ち着き，外乱の影響が顕著である．$G_c = 10$ に増加すると，十分時間が経った後の y の値は小さくなる．しかし，外乱印加後に顕著な振動が発生する．さらに，G_c を増加して $G = 30$ にすると制御量は振動的になってしまう．したがって，G_c を増加するだけで外乱の影響を除去することは難しい．$G_c = 10+5/s$ の場合は，$G_c = 10$ の場合と等しい程度の脈動であり，一方，十分時間が経った後の制御量は 0 になる．

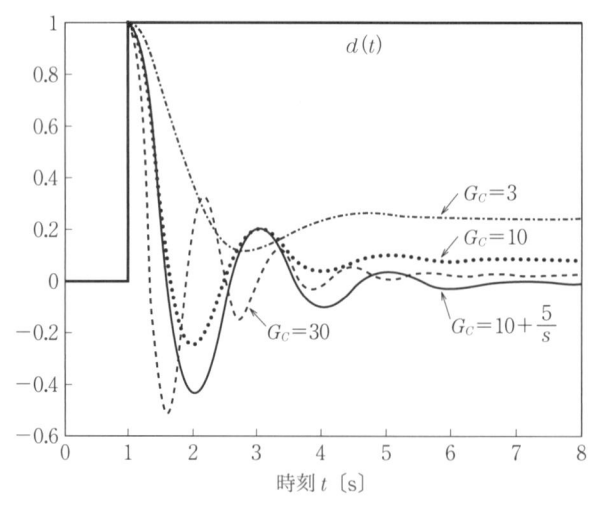

図 6・11 $y(t)$ の応答

(2) 図 6・12 は，時刻 1 秒にてステップ状に目標値を増加した場合の応答を示している．$G_c = 10$ である 0 形の系では十分時間が経った後も制御量は 1 に収束していない．一方，1 形の系である $G_c = 10+5/s$ では十分時間が経った後の制御量は 1 に収束している．

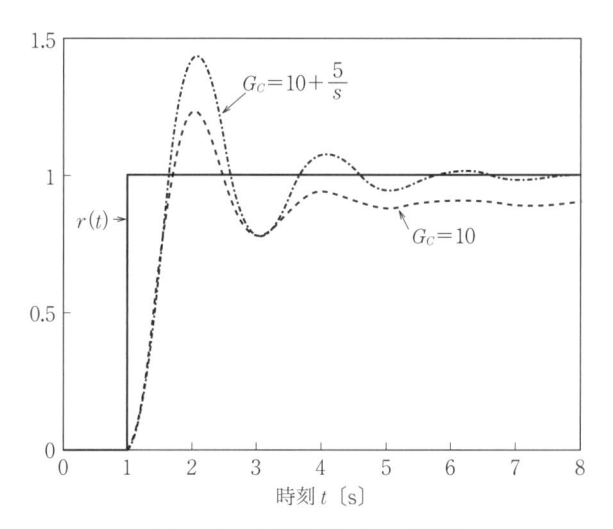

図 6・12　目標値のステップ応答

(3)　図 **6・13** は 1 秒後に単位ステップの目標値を加え，8 秒後に単位ステップの外乱を加えている．前半は図 6・12 と等しい応答である．その後，外乱が 8 秒後に加わるが，線形なシステムであるので，重ね合わせの理が成り立つ．したがって，(1) の外乱の符号を反転したものが加わる．制御量はステップ状に -1 減少し，その後，フィードバックの効果により目標値に近づく．0 形の系の場合は定常偏差がより大きく生じるが，1 形の系では定常偏差は 0 になる．

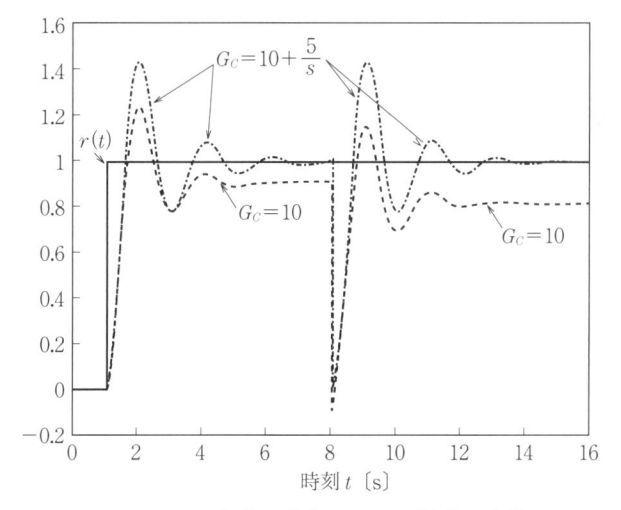

図 6・13　目標値，外乱のステップ変化と応答

6章 定常特性

> **定常偏差値を0にしたい！**
> 定常偏差を小さくしたいとする要求は，どのような制御対象の場合に生じるだろうか．半導体製造装置のステッパは，半導体の配線パターンを露光するためにマスクの位置を正確に決める必要があり，極めて高い精度が要求される．そこで，常に定常偏差が0近くになるようにフィードバック制御が適用されている．位置決めを正確に行う要求は，エレベータの停止位置，工作機械の送りの位置，洋服生地裁断機のカッタの位置など多くの応用がある．

演習問題

問 6・1 (1) 図6・1において，$H(s)$を1とせずに制御量を目標値，外乱の関数としてブロック線図で表せ．

(2) また，偏差を目標値，外乱の関数としてブロック線図で表せ．

問 6・2 $H(s)=1$，$D(s)=0$であるシステムにおいて，次の各問に答えよ．

(1) このシステムに，高さ1のステップ状の目標値を与える．
① $G(s)=5$，② $G(s)=5+1/s$，③ $G(s)=5/(s^2+s+1)$である場合の定常偏差を求めよ．

(2) このシステムに，高さhのステップ状の目標値が与えられた場合の定常偏差を求めよ．また，定常状態での制御量を求めよ．

問 6・3 (1) $G(s)=K/(1+s)$，$H(s)=1$，$D(s)=0$であるシステムに，単位ステップの目標値が印加された．偏差の時間応答を$K=2$である場合について算出し，概形を描き，定常偏差を求めよ．

(2) このシステムで$K=10$である場合について偏差を算出し，概形を描き，定常偏差を求めよ．

(3) このシステムで$K=100$である場合について，Kの値と定常偏差について考察せよ．

問 6・4 $G(s)=1/(1+s)$，$H(s)=1$，$R(s)=0$であるシステムに単位δ関数の外乱が印加された．$y(t)$の時間応答を算出し，定常偏差を求めよ．

問 6・5 (1) $G(s)=5/(1+s)$，$H(s)=1$，$R(s)=0$であるシステムに単位ステップの外乱が印加された．$y(t)$の時間応答を算出し，概形を描き，定常偏差を求めよ．

(2) このシステムにおいて，時刻0に目標値が0から1にステップ状に与えられ，十分時間が経た後に高さ0.5の外乱がステップ状に与えられた．$y(t)$の概形を描き，$y(\infty)$を求めよ．

7章 過渡特性の解析

　前章では，目標に達した後の状態について調べたが，目標に達するまでの動き（過渡状態）の解析も必要である．そこで本章では，途中の動きを二つの方法を使って調べることを学ぶ．一つは過渡応答を用いた方法で，ビデオ再生のように時間を追って動きを調べる方法である．もう一つは周波数応答を用いた方法で，いろいろな速さの動きを同時に検討するために，周波数領域で調べる方法である．動けと命令を受けた制御対象が動き始めたようすを，この二つの方法で監視するのがここでの目的となる．

　以下，各節とも，「基礎知識」では覚えておかなければならない基本事項について計算をできるだけ省いて説明し，「詳しい説明」では計算を行いながら基本事項のフォローを行う．また，具体的な解析や設計作業も，計算を避けて行うことは困難であるので，ここで説明する．

7・1　過渡応答を用いた方法

　例えば，ロボットの腕を動かそうとするとき，最終的なスタートとゴールの位置との間に，距離の長い短いはあるが，さらに仮のスタートとゴールの位置がある．しかし，その間の動き方については決まっていない．つまり，ゴールに向かうのに，直進で行く場合も，蛇行しながら行く場合もあり，それは制御系の性能に依存する．この部分の特性を調べるのが，過渡応答を用いた方法となる．具体的には，ステップ応答において，遅れ時間，立上り時間，行過ぎ量，整定時間のパラメータがどのくらいの量になっているのか調べる．

7・1・1　基礎知識

　動き出してから，目標値付近で落ち着くまでの動きを**過渡応答**（transient response）と呼ぶ．制御系は命令により動くわけであるから，課せられた命令の種類によって動きも異なってくる．そこで，さまざまな制御システムに対して，同じ命令で評価するために，標準的な命令をあらかじめ決めておく．一般に広く使われるのは，**インディシャル応答**（目標値が1のステップ命令に対する応答）である．

> 過渡応答法では，インディシャル応答が活躍する．

　2章で述べたように，ロボットなどの機械の動きは一般的に二次振動要素で表されるので，このインディシャル応答のようすを二次振動要素の例で説明する．

> **Note**
> 通り道にいくつかの通過点を決めることは，われわれが普段行っていることである．通過点が多いほど曲がりくねった道筋に対応できるが，制御も難しくなる．

一般に，二次振動系の微分方程式は
$$m\ddot{x} + c\dot{x} + kx = f \quad (7 \cdot 1)$$
であり，伝達関数は
$$G_s = \frac{1}{ms^2 + cs + k} \quad (7 \cdot 2)$$
である．式(7・1)に対する単位ステップ応答（インディシャル応答）の解析解 x は，振動的な解と振動的でない解の二つが得られるが，望ましい応答は振動的なものを選ぶので
$$x(t) = 1 - A\sin(Bt + \varphi) \quad (7 \cdot 3)$$
と求まる．ただし
$$A = \frac{1}{\sqrt{1-\zeta^2}} e^{-\zeta \omega_n t}, \quad B = \omega_n \sqrt{1-\zeta^2}$$
$$\omega_n = \sqrt{\frac{k}{m}}, \quad \zeta = \frac{1}{2} \cdot \frac{c}{\sqrt{mk}}, \quad \tan\varphi = \frac{\sqrt{1-\zeta^2}}{\zeta} \quad (7 \cdot 4)$$
と置いた．このようすを詳しく示すと，図 7・1 のようになる．

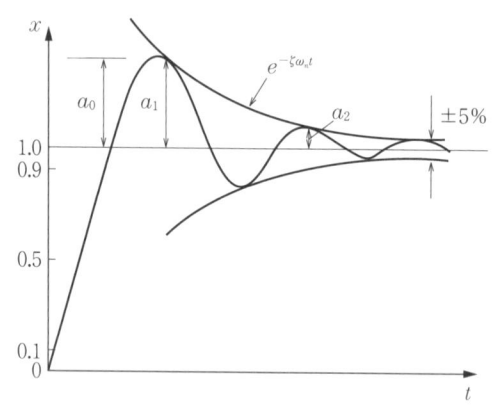

図 7・1 二次振動系のインディシャル応答

> **Note**
> 制御系の動きとして望ましいのは，絶対に行き過ぎないことではなく，少し目標を行き過ぎては戻ることを繰り返しながら収束することである．

ここで，**行過ぎ量**（over shoot）は最大振幅と最終値の差 a_0 であるが，最終値に対する割合〔％〕で表示することが多い．行過ぎ量は，システムの安定度を示す特性量である．小さいほど安定度が良い．

立上り時間は，最終値の 10％ から 90％ になるまでの時間で，応答の速さ（速応性という）を表す特性量である．

整定時間は，最終値を通り過ぎたあと，最終値の±5％の範囲に入るまでの時間を表す．速応性と安定度の両方の特性量になる．

遅れ時間は，最終値の 50％ になるまでの時間のことをいう．速応性を表す特性量である．

目標値 1 付近の振動は，$\zeta\omega_n$ が大きいほど単調減少関数は速く減少して，速く振動は収まる．これを**減衰性**が良いという．このうち，ζ を**減衰比**（damping ratio）と呼ぶ．また，$\zeta\omega_n$ が同じ場合，ω_n を大きく，ζ を小さくすると，sin 関数の中の角周波数 B が大きくなることから，速応性が良い．ω_n は**固有角周波数**（natural

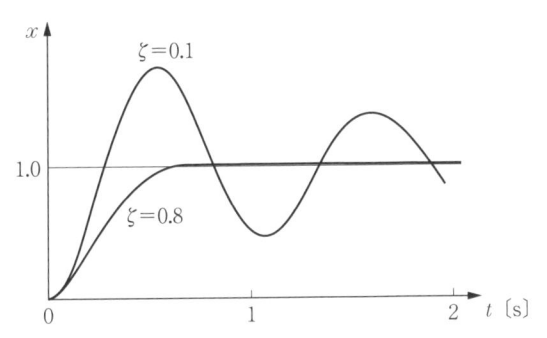

図 7・2 ζ の大小によるインディシャル応答の違い

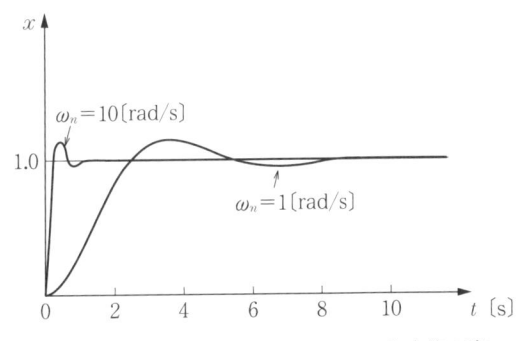

図 7・3 ω_n の大小によるインディシャル応答の違い

angular frequency）と呼ばれる．これらをまとめると，概して次のようになる．

(1) ζ を大きくするほど減衰性は良くなるが，速応性は悪くなる
(2) ω_n を大きくするほど速応性は良くなるが，減衰性は悪くなる

これを図で説明すると，**図7・2**と**7・3**となる．図7・2は，同じ $\omega_n=6\,\mathrm{rad/s}$ としたときに，ζ＝0.1 と ζ＝0.8 とした場合である．ζ＝0.8 のほうが振動が速く減衰するようすがわかる．一方，図 7・3 は，同じ ζ＝0.5 で $\omega_n=1\,\mathrm{rad/s}$ と $\omega_n=10\,\mathrm{rad/s}$ とした場合である．スタートしてすぐに 1 を横切るのは $\omega_n=10\,\mathrm{rad/s}$ のほうである（c も大きくなっているので，減衰性も良い）．ちなみに**理想的な制御系の特性は，速応性も減衰性も良く**，設計もこれを目指した ζ や ω_n のもと，システムの各パラメータを決めていく．

式(7・2)に対する特性方程式 $s^2+2\zeta\omega_n s+\omega_n^2=0$ の特性根は

$$s_1, \; s_2 = -\zeta\omega_n \pm j\sqrt{1-\zeta^2}\,\omega_n \quad (7\cdot5)$$

となる．これは複素数なので，複素平面上で示すことができる．例えば，**図 7・4**

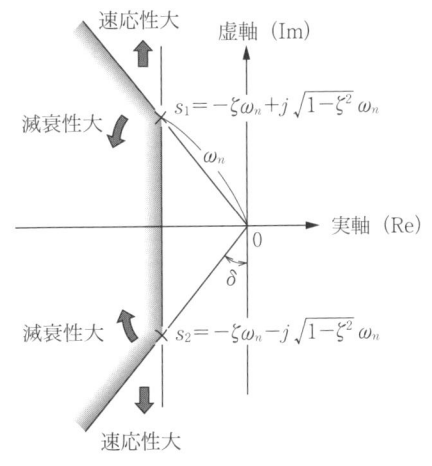

図 7・4 二次振動系の特性根

のようになり，原点 0 から根 s_1, s_2 への距離は $\sqrt{(\zeta\omega_n)^2+(\sqrt{1-\zeta^2}\omega_n)^2}=\omega_n$ である．根 s_1, s_2 と虚軸とのなす角を δ で表すと，$\sin\delta=\zeta\omega_n/\omega_n=\zeta$ である．この図の見方をまとめると，以下のようになる．

(1) 特性根 s_1, s_2 の点が実軸から離れているほど，速応性が良い
(2) 原点 0 と特性根 s_1, s_2 を結んだ線が実軸に近いほど，減衰性が良い

したがって，減衰性と速応性の両方を同時に満たす根の存在範囲は，図 7・4 のアミがけ部分であるといえる．このような検討や設計には，**伝達関数から図を描く**と便利である．

以上は，二次振動系を例にとった場合であるが，制御システムには三次，四次と高次のシステムも存在する．したがって，一般に次数の数だけ特性根が存在するため，**図 7・5** のように複素平面に根をプロットすると多くの点が存在することになる．これらの点はシステムの特性を表しているが，すべてを検討するのは困難である．そこで，このような場合，最後まで残る応答がシステムの応答として一番大きな問題になると考え，**虚軸に一番近い特性根** s_1, s_2（**代表根**という）だけを考えて，制御システムを設計することを行う．

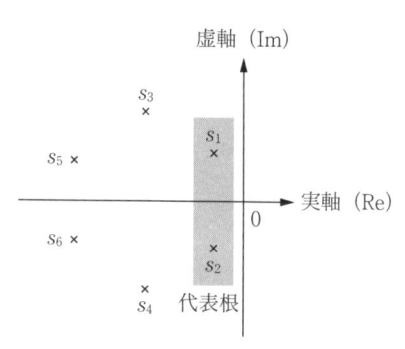

図 7・5 高次の系の特性根

設計を行うとき，角度 δ については，次のような規準がある．

(1) 目標値が変化する追値制御（サーボ）では，$\delta=37\sim53°$
 ($\zeta=0.6\sim0.8$)
(2) 目標値が一定の定値制御（レギュレータ）では，$\delta=12\sim24°$
 ($\zeta=0.2\sim0.4$)

7・1・2 詳しい説明

(a) インディシャル応答

7・1・1 項で紹介したインディシャル応答は，どのような方法で得られるのであろうか．それは，大きく分けて，①解析解を求める，②応答の時刻歴を求めるの二つの方法がある．

式(7・1)の微分方程式に対する解析解は，式(7・3)であった．これを，ラプラス変換を使って求めてみよう．まず，伝達関数式(7・2)から

$$X(s)=\frac{\omega_n^2}{s^2+2\zeta\omega_n s+\omega_n^2}\bar{F}(s) \qquad (7\cdot6)$$

が得られる．ただし，ここで $\bar{F}(s)=F(s)/k$ と置いた．単位ステップ応答のため，$\bar{F}(s)=1/s$ とすると

$$X(s) = \frac{\omega_n^2}{s^2 + 2\zeta\omega_n s + \omega_n^2} \cdot \frac{1}{s} \tag{7・7}$$

となる．これを，分母が s の1乗の式となる三つの部分分数に分け，それぞれに逆ラプラス変換を施すことで

$$\begin{aligned}x(t) &= \left\{1 - e^{-\zeta\omega_n t}\cos\omega_n\sqrt{1-\zeta^2}\,t - \frac{\zeta}{\sqrt{1-\zeta^2}}e^{-\zeta\omega_n t}\sin\omega_n\sqrt{1-\zeta^2}\,t\right\}u(t)\\&= \left\{1 - \frac{1}{\sqrt{1-\zeta^2}}e^{-\zeta\omega_n t}\sin(\omega_n\sqrt{1-\zeta^2}\,t + \varphi)\right\}u(t)\end{aligned} \tag{7・8}$$

が求まる．$u(t)=1$ とすると式(7・3)となる．ただし，$\tan\varphi = \sqrt{1-\zeta^2}/\zeta$ である．

さて，もう一つのインディシャル応答の求め方は，コンピュータによって，式(7・1)の微分方程式で表されるシステムの応答の時刻歴を直接求める方法である．これは，基本的に微分方程式を数値積分することにより，各時刻での状態を近似的に求めるもので，具体的にはオイラー法やルンゲ・クッタ法などの数値解法を用いることになる．本書では，詳細についての説明は行わないので，知りたい方は他の文献を参照されたい．この方法は，線形方程式だけでなく，非線形方程式にも適用可能であり，コンピュータの発達した今日では，**数値シミュレーション**（numerical simulation）として，さまざまな分野で利用されている．

（b） 過渡応答による設計例

次に，過渡応答を用いた制御系の設計例について説明する．ここではシステムとして，①ロボットと②電気回路を取り上げる．

まず，それぞれの伝達関数を求める．ロボットの例としては，図7・6に示すように，一本腕のロボットの角度フィードバック制御システムを考える．

ロボットは，直流電動機（モータ）に減速機によるトルク増幅を併用したアクチュエータで駆動される．腕の回転角は角度センサにより検出され，このデータと目標値により，角度のフィードバック制御が行われる．

直流電動機のしくみは，図7・7に示すように，永久磁石のステータの中を電磁石のロータが回転している．この回路の方程式を求める．電機子の両端にかける電圧を e_R とすると，e_R はコイルの両端に発生する逆起電力（back emf）e_L とコイルの抵抗 R_L による電位降下 e_D との和に等しいので

$$e_R = e_L + e_D \tag{7・9}$$

となる．ここで，$e_D = i_L R_L$，逆起電力は回転速度に比例するので，$e_L = K_R(r\dot\theta) =$

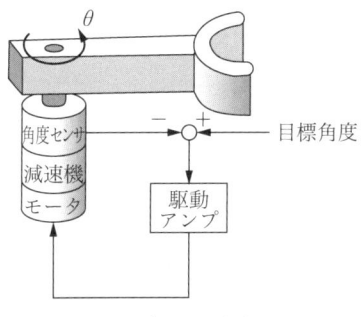

図 7・6 ロボットの角度フィードバック制御システム

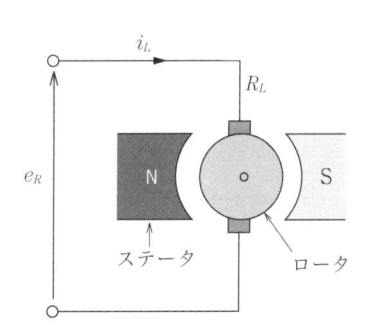

図 7・7 直流電動機のしくみ

Note

数値シミュレーションは，試作品をつくらずにコンピュータの中で実験ができるので，コストの減少につながり，製品価格の低下に大いに貢献している．また，フライトシミュレータやバーチャルリアリティの分野でも用いられている．

$K_R r\omega$ であるから（r は減速比，K_R は誘起電圧定数（back-emf constant））

$$e_R = K_R r\omega + i_L R_L \tag{7·10}$$

となる．次に，運動方程式であるが，アクチュエータ出力軸側から見たアームを含めたアクチュエータの慣性モーメントを J，軸受などの粘性摩擦係数を c，アクチュエータで発生するトルクを τ とすると，発生するトルクは，消費するトルクに等しいから

$$\tau = J\dot{\omega} + c\omega \tag{7·11}$$

となる．ここで，τ は電動機で発生したトルク τ_m を減速機で増幅したものである（増幅率を n）．また，τ_m は電流 i_L に比例するので，式(7·12)が成り立つ（K_τ はトルク定数（torque constant））．

$$\tau = n\tau_m = nK_\tau i_L = J\dot{\omega} + c\omega \tag{7·12}$$

式(7·10)，(7·12)にラプラス変換を施すと

$$E_R = K_R r\Omega + I_L R_L \tag{7·13}$$

$$T = nK_\tau I_L = Js\Omega + c\Omega \tag{7·14}$$

となる．したがって，入力 E_R，出力 Ω としたときの伝達関数は

$$\frac{E_R}{\Omega} = \frac{nK_\tau}{R_L c + nrK_R K_\tau} \bigg/ \left(1 + \frac{R_L J}{R_L c + nrK_R K_\tau} s\right) \tag{7·15}$$

となる．ここで，$nK_\tau/(R_L c + nrK_R K_\tau) = K_M$，$R_L J/(R_L c + nrK_R K_\tau) = T_M$ と置くと

$$G_M = \frac{K_M}{1 + T_M s} \tag{7·16}$$

となる．

駆動アンプは比例要素であるので，その伝達関数を $G_A = K_A$ とする．アームの角速度 ω は時間で積分されて，角度 θ となり，角度センサで電圧値としてセンシングされるので

$$e_o = K_S \int_0^t \omega dt \tag{7·17}$$

である．これをラプラス変換すると

$$E_O = K_S \frac{\Omega}{s} \tag{7·18}$$

が得られる．以上をブロック線図にまとめると，図 7·8 のようになり，各伝達関数を一つにまとめると，$K_A K_M K_S/\{s(1+T_M s)\}$ となる．したがって，このシステムの閉ループ伝達関数を求めると

$$G_S = \frac{K_A K_M K_S}{T_M} \bigg/ \left(s^2 + \frac{1}{T_M} s + \frac{K_A K_M K_S}{T_M}\right) \tag{7·19}$$

となる．これは，二次振動要素である．

次に，電気回路の例として，図 7·9 に示す LRC 回路を考える．コイルのインダ

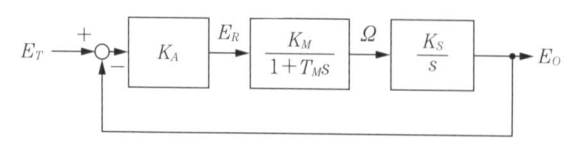

図 7·8 ロボット制御系のブロック線図

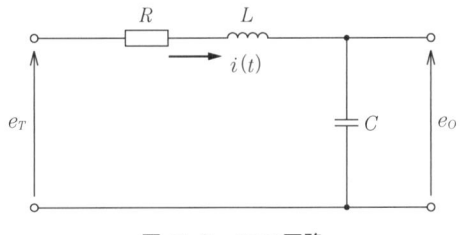

図 7・9 *LRC* 回路

クタンスを L, 抵抗を R, コンデンサの容量を C とすると, 式(7・20)の回路方程式が得られる.

$$e_T = Ri(t) + L\frac{d}{dt}i(t) + \frac{1}{C}\int i(t)\,dt \tag{7・20}$$

$$e_o = \frac{1}{C}\int i(t)\,dt \tag{7・21}$$

式(7・20), (7・21)にラプラス変換を施すと

$$E_T = RI + LsI + \frac{I}{Cs} \tag{7・22}$$

$$E_o = \frac{1}{Cs} \tag{7・23}$$

となる. この二つの式から I を消去すると, 入力 E_T, 出力 E_o に対する伝達関数が

$$G_s = \frac{1}{LCs^2 + RCs + 1} = \frac{1}{LC}\bigg/\left(s^2 + \frac{R}{L}s + \frac{1}{LC}\right) \tag{7・24}$$

という形で得られる. これもまた式(7・19)と同様に, 二次振動要素となっている. このように, **制御では, 同じ特性を持つならば機械も電気回路も区別なく設計ができる**という便利さがある.

さて, 次に制御仕様を決める. ここでは, 次のようなパラメータで設定する.

> インディシャル応答において
> 　行過ぎ量（オーバシュート）: $M = 1.1$ 以内
> 　整定時間（$0.95 \leq e_o \leq 1.05$ に入るまでの時間）: 0.6 s 以内

この仕様から, 減衰係数 ζ と固有角周波数 ω_n を求める. 式(7・3)を時間で微分し, 0 と置くと

$$\frac{\zeta}{\sqrt{1-\zeta^2}} e^{-\zeta\omega_n t}\sin(\omega_n\sqrt{1-\zeta^2}\,t + \varphi) - e^{-\zeta\omega_n t}\cos(\omega_n\sqrt{1-\zeta^2}\,t + \varphi) = 0 \tag{7・25}$$

となる. これより

$$\tan(\omega_n\sqrt{1-\zeta^2}\,t + \varphi) = \frac{\sqrt{1-\zeta^2}}{\zeta} \tag{7・26}$$

が得られる. 正接関数の周期は π であるから, 式(7・3)における最初の極大値のときの t は

$$\omega_n\sqrt{1-\zeta^2}\,t = \pi \tag{7・27}$$

を満足する．したがって

$$t = \frac{\pi}{\omega_n \sqrt{1-\zeta^2}} \tag{7・28}$$

となる．この t を式(7・3)に代入すると

$$x = \left\{1 - \frac{1}{\sqrt{1-\zeta^2}} e^{-\frac{\zeta}{\sqrt{1-\zeta^2}}\pi} \sin(\pi+\varphi)\right\} = \left(1 + \frac{1}{\sqrt{1-\zeta^2}} e^{-\frac{\zeta}{\sqrt{1-\zeta^2}}\pi} \sin\varphi\right)$$
$$= 1 + e^{-\frac{\zeta}{\sqrt{1-\zeta^2}}\pi} \tag{7・29}$$

が得られる．したがって，仕様から x の最大値 $M=1.1$ であるから

$$1.1 = 1 + e^{-\frac{\zeta\pi}{\sqrt{1-\zeta^2}}} \tag{7・30}$$

となる．これより，両辺の自然対数 ln を取ると

$$\ln 0.1 = -\frac{\zeta\pi}{\sqrt{1-\zeta^2}} \tag{7・31}$$

であるから $\zeta=0.6$，また $\zeta=\sin\delta$ より $\delta=37°$ となる．これは，7・1・1項で示した追値制御の規準に合致している．式(7・28)を導出したのと同様の理由から，x の振動項の最大値は $e^{-\zeta\omega_n t}$ となる．これが行過ぎ量の 0.05 以下となるためには

$$0.05 = e^{-\zeta\omega_n t} \tag{7・32}$$

として，両辺の自然対数を取ると

$$\ln 0.05 = -\zeta\omega_n t \tag{7・33}$$

である．$T=0.6\,\mathrm{s}$ 以内，$\zeta=0.6$ を代入すると，$\omega_n \geq 8.3\,\mathrm{rad/s} = 1.3\,\mathrm{Hz}$ となる．したがって，この仕様を満足する特性根の存在範囲は，複素平面上で表すと，**図7・10** となる．

最後に，各システムのパラメータを求めてみる．図7・6のロボットの例の場合，閉ループ伝達関数の式(7・19)を式(7・5)と比べてみると

$$\left. \begin{array}{l} \omega_n = \sqrt{\dfrac{K_A K_M K_S}{T_M}} \geq 8.3 \\[6pt] \zeta = \dfrac{1}{2\sqrt{K_A K_M K_S T_M}} = 0.6 \end{array} \right\} \tag{7・34}$$

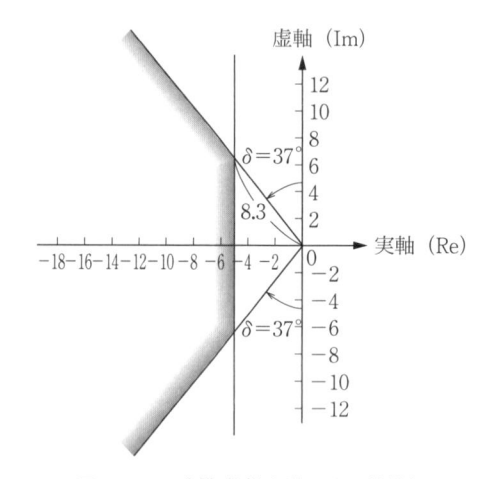

図 7・10　制御仕様を満足する特性根

となる．これより

$$T_M \leq 0.1 \tag{7・35}$$
$$K_A K_M K_S \geq 6.9 \tag{7・36}$$

が得られる．時定数 T_M は電動機や減速機に固有のパラメータで構成されているので，式(7・35)の条件は電動機や減速機を選定するときに必要となる．また，式(7・36)の中で可変なのはアンプのゲイン K_A であるので，実際にはこれを調整して，式(7・36)を満足させる．

図7・9の LRC 回路の例の場合，伝達関数の式(7・24)を式(7・5)と比べてみると

$$\left.\begin{array}{l}\omega_n=\dfrac{1}{\sqrt{LC}}\geq 8.3\\[4pt]\zeta=\dfrac{R}{2}\sqrt{\dfrac{C}{L}}=0.6\end{array}\right\} \qquad (7\cdot 37)$$

となる．したがって，これを満足するように L, C, R の各値を決めればよい．この場合は，いろいろな値の組合せが考えられる．

7・2 周波数応答を用いた方法

7・1節では時系列の応答を調べたが，いろいろな速さの命令に対する応答の性質を一括して見ることも必要になってくる．この場合は，命令として前節のようなステップ関数ではなく，いろいろな周波数の正弦波関数が用いられる．そのとき，一つの座標上に何本もの正弦波応答を重ねて描くと，ごちゃごちゃになってしまう．そこで，このような場合は，周波数領域で考える方法が便利である．4章で見たように，周波数領域でのグラフにはいろいろなものがあるが，

> 周波数応答法では，ナイキスト線図とボード線図が減衰性や速応性の評価，設計において活躍する．

7・2・1 基礎知識

インディシャル応答との比較のため，7・1節の図7・2で用いたものと同じパラメータを採用する．図7・2では，$\omega_n=6\,\mathrm{rad/s}$ で $\zeta=0.1$ と 0.8 の二つの場合の二次振動要素の応答を調べた．これを，図7・6のロボットの例に当てはめてみると，式(7・34)を参考にして

$$\left.\begin{array}{l}\omega_n=\sqrt{\dfrac{K_AK_MK_S}{T_M}}=6\,[\mathrm{rad/s}]\\[6pt]\zeta=\dfrac{1}{2\sqrt{K_AK_MK_ST_M}}=0.1,\ 0.8\end{array}\right\} \qquad (7\cdot 38)$$

となるから，$K_AK_MK_S=30$（$\zeta=0.1$ に対応）と 3.8（$\zeta=0.8$ に対応）が得られる．

さて，閉ループ伝達関数の相対安定性は，その極（伝達関数の分母を 0 と置いたときの s の値）を使って調べるが，これは開ループ伝達関数（閉ループ伝達関数の分母において 1 を引いたものになっている）のベクトル軌跡を解析することに等しい（4章参照）．したがって，この場合も開ループ伝達関数に対するナイキスト線図を図7・11に示す（ロボットの例でのゲインと位相角の導出については7・2・2項を参照）．

> 周波数領域の場合，一つひとつの動きのようすはわからないが，それぞれの動きの特徴については一括して把握することができる．その特徴とは，ゲインと位相角である．

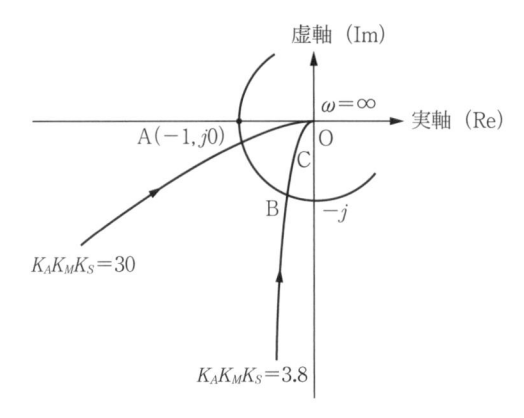

図 7·11　開ループ系のナイキスト線図

　図 7·11 において，点 $(-1, j0)$ を A，$K_A K_M K_S = 3.8$ のときのナイキスト線図が実軸と交わる点を C，半径 1 の円と交わる点を B とする．特徴として，$\omega = 0$ から出発して（虚軸上$-\infty$から出発して），しばらくの間ゲインは大きく，位相角はほぼ$-90°$である．ω が次第に大きくなるとゲインは小さくなり，位相角は$-90°$よりも遅れ，点 B でゲインは 1 となる．そして，ω が ∞ に近づくとゲインは 0 に近づき，位相角は$-180°$になる．これは，速い動きの命令にしだいについていけなくなってくることを表している．

　図の 2 本のナイキスト線図からわかるように，$K_A K_M K_S$ の値が大きくなるほどナイキスト線図が点 A に近づき，安定の程度は悪くなる．ただし，どちらも安定ではある．これを図 7·2 の時系列での動きと対応させると，同じ $\omega_n = 6$ rad/s で $\zeta = 0.8$ （$K_A K_M K_S$ が小さい場合）と，$\zeta = 0.1$ （$K_A K_M K_S$ が大きい場合）の例であった．

> ナイキスト線図が点 A に近づいていくほど速く立ち上がるが，振動が収まりにくいことに対応している．

　したがって，点 A $(-1, j0)$ への接近の程度により，ナイキスト線図ではシステムの減衰性を評価することができる．そこで，$\angle AOB$ を**位相余裕**といい，正で大きいほうが安定であるということがいえる．さらに，点 O と点 C 間の長さ $\overline{OC}$ に対して，$20 \log(1/\overline{OC}) = -20 \log \overline{OC}$ を**ゲイン余裕**といい，正で大きいほうが安定であるということもいえる．

　設計を行うとき，位相余裕やゲイン余裕に対して，次のような規準がある．

> (1) 目標値が変化する追値制御（サーボ）では，位相余裕 40〜60°（ゲイン余裕 10〜20 dB）
> (2) 目標値が一定の定値制御（レギュレータ）では，位相余裕 20° 以上（ゲイン余裕 3〜10 dB）

　また，点 B での ω の値を**ゲイン交差角周波数** ω_c と呼ぶ．ここより ω が大きくなるとゲインが 1 より小さくなるため，交差角周波数 ω_c は，開ループ伝達関数において，システムが応答できる周波数の大きさ（速応性）を示すということがいえる．

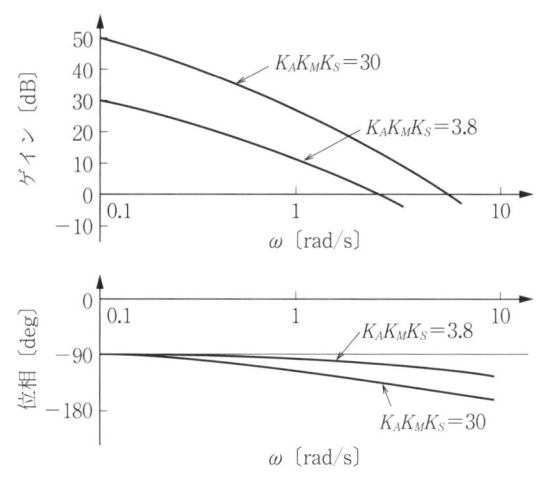

図 7・12 開ループ系のボード線図

次に、同様に開ループ伝達関数のボード線図を見てみる。図 7・11 のナイキスト線図をボード線図で表せば、**図 7・12** となる。ここで、ゲインが 0 のときの角周波数がゲイン交差角周波数 ω_C であり、この点における位相角 $-180°$ からのずれが位相余裕である。また、位相角が $-180°$ のラインと交わるときの負のゲインの大きさがゲイン余裕である。これをまとめると、以下のようになる。

> (1) ゲイン交差角周波数 ω_C の点で、位相角が $-180°$ よりも上にあればシステムは安定
> (2) 位相角が $-180°$ の点で、ゲインが 0 dB よりも下にあればシステムは安定

図を見ればわかるように、ゲイン曲線は 2 本描ける。そして、$K_A K_M K_S$ の値が大きくなるほどゲイン曲線は上に上がり、その結果位相余裕が小さくなる（同時に、ゲイン余裕も小さくなっている）。つまり、開ループのボード線図においては、ゲイン曲線が上に行くほど速く立ち上がるが、振動が収まりにくいことに対応している。この場合、どちらも安定となっている。

ボード線図を使う場合でも、ナイキスト線図のときと同様、設計を行うとき、位相余裕やゲイン余裕に対して、次のような規準がある。

> (1) 目標値が変化する追値制御（サーボ）では、位相余裕 40～60°（ゲイン 10～20 dB）
> (2) 目標値が一定の定値制御（レギュレータ）では、位相余裕 20°以上（ゲイン余裕 3～10 dB）

さて、ボード線図については、もう一つ閉ループ伝達関数を用いる評価法もある。それを図 7・13 に示す。ゲイン曲線でゲインが最大になるときの周波数を**共振角周波数** ω_P、そのときのゲインを**最大ゲイン** M_P という。最大ゲイン M_P の値が大きくなり、ピークが高くなるほどシステムは共振状態に近くなる。また、ω_P か

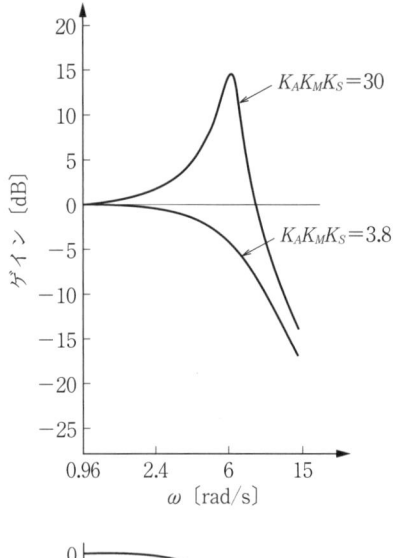

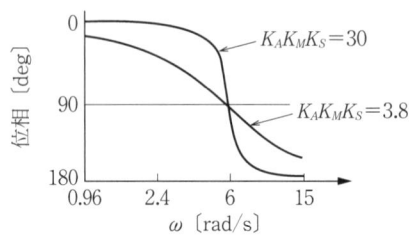

図 7・13 閉ループ系のボード線図

らさらに ω が大きくなると，ゲインは下がり始める．ゲインが $\omega=0$ での値の $1/\sqrt{2}$ になったときの周波数を**帯域幅** ω_B という．

> 開ループ伝達関数での交差角周波数 ω_C，閉ループ伝達関数での帯域幅 ω_B，共振角周波数 ω_P は，速応性の目安を表し，設計時のパラメータとしても使われる．

7・2・2 詳しい説明

(a) ゲイン・位相を求める方法

一般にゲインや位相を求めるときに，以下のような便利な方法がある．
いま，伝達関数 $P(s)$ が

$$P(s) = \frac{N_1(s) N_2(s) \cdots N_m(s)}{D_1(s) D_2(s) \cdots D_n(s)} \tag{7・39}$$

のように構成されているとする．すると，ゲインと位相はそれぞれ式(7・40)，(7・41)のように表される．

$$\text{ゲイン}: |P(j\omega)| = \frac{|N_1(j\omega)||N_2(j\omega)|\cdots|N_m(j\omega)|}{|D_1(j\omega)||D_2(j\omega)|\cdots|D_n(j\omega)|} \tag{7・40}$$

$$\text{位　相}: \angle P(j\omega) = \sum_{i=1}^{m} \angle N_i(j\omega) - \sum_{i=1}^{n} \angle D_i(j\omega) \tag{7・41}$$

これを使って，図7・8のブロック線図に対するゲインと位相を求めると

$$N_1(j\omega)=K_A, \quad D_1(j\omega)=1+T_M s, \quad N_2(j\omega)=K_M \\ D_2(j\omega)=s, \quad N_3(j\omega)=K_S \tag{7・42}$$

であるから

$$|P(j\omega)|=\frac{|N_1(j\omega)||N_2(j\omega)||N_3(j\omega)|}{|D_1(j\omega)||D_2(j\omega)|}=\frac{K_A K_M K_S}{\omega\sqrt{1+(\omega T_M)^2}} \tag{7・43}$$

$$\angle P(j\omega)=\sum_{i=1}^{3}\angle N_i(j\omega)-\sum_{i=1}^{2}\angle D_i(j\omega)=-\tan^{-1}(\omega T_M)-90° \tag{7・44}$$

のようにゲインと位相が求まる．

(b) 周波数応答による設計例

次に，周波数応答を用いた制御系の設計例について説明する．ここでは，過渡応答の場合と比較するため，7・1・3項で用いた，①ロボットと②電気回路を設計対象として取り上げる．

まず，ロボットの場合の開ループ伝達関数は，式(7・19)を参考にすると

$$G_S=\frac{K_A K_M K_S}{s(1+T_M s)} \tag{7・45}$$

であった．また，このゲインと位相は，式(7・43)と(7・44)から

$$|G_S(j\omega)|=\frac{K_A K_M K_S}{\omega\sqrt{1+(\omega T_M)^2}} \tag{7・46}$$

$$\angle G_S(j\omega)=-\tan^{-1}(\omega T_M)-90° \tag{7・47}$$

と求まっている．

さて，次に制御仕様を決める．ここでは以下のようなパラメータで設定する．

> 開ループ伝達関数において
> 　　　　ゲイン交差角周波数：$\omega_C=5.9\,\mathrm{rad/s},$ 　　位相余裕：59°

ゲイン交差角周波数はゲインが 0 dB のときの周波数であるから，式(7・46)より

$$20\log|G_S(j\omega)|=20\log\frac{K_A K_M K_S}{\omega_C\sqrt{1+(\omega_C T_M)^2}}=0 \tag{7・48}$$

したがって

$$\frac{K_A K_M K_S}{\omega_C\sqrt{1+(\omega_C T_M)^2}}=1 \tag{7・49}$$

が得られる．また，位相余裕はゲイン交差角周波数における位相の余裕であるから

$$-\tan^{-1}(\omega_C T_M)-90°=-180°+59° \tag{7・50}$$

となる．式(7・50)より $T_M=0.1$，また式(7・49)より $K_A K_M K_S=6.9$ が得られた．これは，式(7・35)，(7・36)も満足している．つまり，このロボットの特性である

> T_M を 0.1，$K_A K_M K_S$ を 6.9 に設定すると
> 　(1)　行過ぎ量：$M=1.1$ 以内
> 　(2)　整定時間：0.6 s 以内
> 　(3)　ゲイン交差角周波数：$\omega_C=5.9\,\mathrm{rad/s}$（1 Hz 程度まで追従可能）
> 　(4)　位相余裕：59°

を実現できるシステムが設計できたことになる．

同様にして，LRC 回路の場合，$L/R=0.1$，$1/RC=6.9$ を満足する L，C，R の組合せを探せばよい．

> **過渡特性**
>
> 過渡特性とは，動いている状態の特徴を表しており，ここでは機械の動きや電気回路内の振舞いを取り上げている．しかし，同じ電圧や電流の振舞いでも，音楽を電気信号に変換したものは，一般にもなじみ深い．ステレオやギターのアンプの性能を示す周波数特性図として，ボード線図の形でパンフレットにもよく載っている．また，録音スタジオでよく見かけるグラフィックイコライザは，各周波数の強さを自由にアレンジできる装置であり，周波数特性図をそのまま操作パネルで実現したようなものである．このように，われわれはすでに制御工学の知識を生活の中で習得していることになる．

演習問題

問 7・1 伝達関数が次のように求まっている系のインディシャル応答を求めよ．

(1) $\dfrac{X(s)}{U(s)}=\dfrac{8}{s+1}$ (2) $\dfrac{X(s)}{U(s)}=\dfrac{4}{s^2+2s+4}$ (3) $\dfrac{X(s)}{U(s)}=\dfrac{100}{s^2+4s+100}$

問 7・2 図 7・9 の電気回路において，インディシャル応答が行過ぎを生じさせないような L，R，C 間の関係式を求めよ．

問 7・3 次の伝達関数 $P(s)$ のゲイン $|P(j\omega)|$ と位相 $\angle P(j\omega)$ を求めよ．

(1) $P(s)=\dfrac{1}{s+8}$ (2) $P(s)=\dfrac{1}{s-4}$

(3) $P(s)=\dfrac{1}{s^2+2s+1}$ (4) $P(s)=\dfrac{2}{s^2+2s+2}$

問 7・4 図 7・13 の二次振動要素のゲインは，一般的に

$$|G|=\dfrac{1}{\sqrt{\{1-(\omega/\omega_n)^2\}^2+\{2\zeta(\omega/\omega_n)\}^2}}$$

と書ける．これを用いて，ゲインがピークとなるときの共振角周波数 ω_P と最大ゲイン M_P を求めよ．

問 7・5 過渡応答による設計例で示した制御仕様において，今度は定値制御として行過ぎ量 $M=1.3$，整定時間 $0.7\,\mathrm{s}$ 以内とした場合の ζ，δ，ω_n，T_M，$K_A K_M K_S$ の値を求めよ．

問 7・6 周波数応答による設計例で示した制御仕様において，交差角周波数 $\omega_c=10.7$ rad/s，位相余裕 $37°$ の場合の T_M と $K_A K_M K_S$ の値を求め，問 7・5 で求めた値と比較せよ．

8章 根軌跡法

本章では，根軌跡のいくつかの性質と作図法について学ぶ．特性方程式に制御パラメータのゲインが含まれる場合，その特性根の軌跡はパラメータゲインの影響で複素平面上を移動する．このような特性方程式の根の軌跡を用いて，制御系の応答を検討することができる．すなわち，根軌跡のいくつかの性質を用いて制御系の応答特性を推測したり，また制御系設計を行うことができる．閉ループの原点近傍の主要な範囲に極を設定する場合や，実軸上の極・零点および虚軸上の極を検討する場合にこの根軌跡法がよく用いられる．

根軌跡は，主に開ループ系の極および零点の配置から決定される．この開ループ系の極，零点から根軌跡についてのいくつかの性質を導くことができ，この性質を用いて根軌跡による閉ループ系の制御系設計手法を学ぶ．

8・1 根軌跡の性質

フィードバック制御系の制御ゲインを増加させると，制御系全体の特性が変わる．この制御ゲインを変化させると，フィードバック制御系の特性方程式の根は複素平面を移動する．この軌跡を解析し，制御系を設計する手法が**根軌跡法**である．**根軌跡**の特徴を知ることによって閉ループ系の特性を導出することができ，開ループ系の零点と極の配置が閉ループ系の特性方程式根の軌跡に関係付けられ，いくつかの性質を導くことができる．

いま，開ループ系が α_i ($i=1, \cdots, m$) の零点と，β_j ($j=1, \cdots, n$) の極を持ち，ゲインを K とすると，その伝達関数は式(8・1)のようになる．

$$G_0(s) = K \frac{(s-\alpha_1)(s-\alpha_2)\cdots(s-\alpha_m)}{(s-\beta_1)(s-\beta_2)\cdots(s-\beta_n)} \tag{8・1}$$

ただし，$m<n$ で，分子・分母に共通の因子がないものとする．

$(s-\alpha_i)$ および $(s-\beta_j)$ のそれぞれの偏角を $\varphi_{\alpha i}$ および $\varphi_{\beta j}$ とすると，式(8・2)のように大きさと偏角を用いた形で伝達関数を表現することができる．

$$\begin{aligned}G_0(s) = &K \frac{|(s-\alpha_1)||(s-\alpha_2)|\cdots|(s-\alpha_m)|}{|(s-\beta_1)||(s-\beta_2)|\cdots|(s-\beta_n)|} \exp j[(\varphi_{\alpha_1}+\varphi_{\alpha_2}+\cdots+\varphi_{\alpha_m}) \\ &-(\varphi_{\beta_1}+\varphi_{\beta_2}+\cdots+\varphi_{\beta_n})]\end{aligned} \tag{8・2}$$

したがって，フィードバック制御系の特性方程式は

$$1+G_0(s)=0 \tag{8・3}$$

であるから，式(8・4)を満たす複素変数 s がフィードバック制御系の特性根であり，ゲイン K を変えることによってその根の軌跡が与えられる．

> **Note**
> 根軌跡法は，1948年に Evans, W. R. によって発表された．

> **Note**
> ゲイン K 以外のパラメータ変化に対しても同様に根軌跡を描くことができる．

$$\frac{(s-\alpha_1)(s-\alpha_2)\cdots(s-\alpha_m)}{(s-\beta_1)(s-\beta_2)\cdots(s-\beta_n)} = -\frac{1}{K} \tag{8·4}$$

この特性方程式を満たす根,すなわち根軌跡は次のように開ループ伝達関数の複素数の大きさと偏角についての二つの拘束式になる.

$$\frac{|(s-\alpha_1)||(s-\alpha_2)|\cdots|(s-\alpha_m)|}{|(s-\beta_1)||(s-\beta_2)|\cdots|(s-\beta_n)|} = \frac{1}{K} \tag{8·5}$$

かつ

$$(\varphi_{\alpha_1}+\varphi_{\alpha_2}+\cdots+\varphi_{\alpha_m}) - (\varphi_{\beta_1}+\varphi_{\beta_2}+\cdots\varphi_{\beta_n}) = \pm\pi(2k+1) \quad (k=0,1,2,\cdots) \tag{8·6}$$

である.

以上の式(8·5),(8·6)に基づいて,以下に示すようないくつかの性質が導かれる.

【性質1】
実システムでは特性方程式の係数が実数となる.したがって,根は常に共役根を持つので根軌跡は実軸に関して対称になる.

【性質2】
根軌跡は開ループ伝達関数の極から出発し,m 本が開ループ伝達関数の零点に漸近し,$n-m$ 本の軌跡が無限遠点に漸近する.これは閉ループ伝達関数の特性方程式

$$P(s) = D_0(s) + KN_0(s) = 0 \tag{8·7}$$

で与えられる.この特性方程式は,$K=0$ のとき $D_0(s)=0$ となり,$K=\infty$ のとき $N_0(s)=0$ となるからである.また,$n>m$ である場合には $n-m$ の零点が無限遠点に存在すると考えられるので,$n-m$ 本の軌跡は無限遠点に漸近する.

【性質3】
$n-m$ 本の無限遠点に漸近する軌跡の漸近線は,実軸上の点 σ で交わる.点 σ は,次のような近似計算から求められる.根軌跡が満たすべき式(8·3)を変形すると次式になる.

$$\frac{(s-\alpha_1)(s-\alpha_2)\cdots(s-\alpha_m)}{(s-\beta_1)(s-\beta_2)\cdots(s-\beta_n)} = \frac{s^m + (-\alpha_1-\alpha_2-\cdots-\alpha_m)s^{m-1}+\cdots}{s^n + (-\beta_1-\beta_2-\cdots-\beta_n)s^{n-1}+\cdots} = -\frac{1}{K}$$

ここで,$a_1 = \sum_{i=1}^{m} -\alpha_i$,$b_1 = \sum_{j=1}^{n} -\beta_j$ と置くと

$$\frac{s^m + (-\alpha_1-\alpha_2-\cdots-\alpha_m)s^{m-1}+\cdots}{s^n + (-\beta_1-\beta_2\cdots-\beta_n)s^{n-1}+\cdots} = \frac{s^m + a_1 s^{m-1}+\cdots}{s^n + b_1 s^{n-1}+\cdots} = -\frac{1}{K}$$

となる.分子多項式で分母・分子を割ると

$$\frac{s^m + a_1 s^{m-1}+\cdots}{s^n + b_1 s^{n-1}+\cdots} = \frac{1}{s^{n-m} + (b_1-a_1)s^{n-m-1}+\cdots} = -\frac{1}{K}$$

となり,s の遠点では次式で近似することができる.

$$s^{n-m} + (b_1-a_1)s^{n-m-1} \cong Ke^{\mp\pi(2k+1)}$$

s が遠点であるから,左辺を次式で近似することができる.

$$\left(s + \frac{b_1-a_1}{n-m}\right)^{n-m} \cong Ke^{\mp\pi(2k+1)}$$

両辺を $1/(n-m)$ 乗すると

$$s + \frac{b_1 - a_1}{n-m} = \sqrt[n-m]{K} e^{\mp \frac{\pi(2k+1)}{n-m}}$$

したがって，上式から実軸との交点 σ は

$$\sigma = -\frac{b_1 - a_1}{n-m}$$

すなわち

$$\sigma = \frac{1}{n-m}[\mathrm{Re}\{\beta_1\} + \mathrm{Re}\{\beta_2\} + \cdots + \mathrm{Re}\{\beta_n\} - \mathrm{Re}\{\alpha_1\} - \mathrm{Re}\{\alpha_2\} - \cdots - \mathrm{Re}\{\alpha_m\}] \tag{8・8}$$

である．同時に漸近線の傾きは

$$\mp \frac{\pi(2k+1)}{n-m} \quad (k=0, 1, 2, \cdots) \tag{8・9}$$

となる．

【性質4】

実軸上の根軌跡については，最右の極または零点から右に奇数個の極，あるいは零点があるようならその点は根軌跡上の点である．

【性質5】

次式を満たす実軸上の点で重根を持つ．

$$\frac{1}{s-\beta_1} + \frac{1}{s-\beta_2} + \cdots + \frac{1}{s-\beta_n} = \frac{1}{s-\alpha_1} + \frac{1}{s-\alpha_2} + \cdots + \frac{1}{s-\alpha_m} \tag{8・10}$$

【性質6】

極からの出発角あるいは零点への入射角は次式から求められる．

$$\left.\begin{array}{l} \varphi_{st}(\beta_i) = (\varphi_{\alpha_1} + \varphi_{\alpha_2} + \cdots + \varphi_{\alpha_m}) - (\varphi_{\beta_1} + \varphi_{\beta_2} + \cdots + \varphi_{\beta_n}) \pm \pi(2k+1) \\ \varphi_{ed}(\alpha_i) = -(\varphi_{\alpha_1} + \varphi_{\alpha_2} + \cdots + \varphi_{\alpha_m}) + (\varphi_{\beta_1} + \varphi_{\beta_2} + \cdots + \varphi_{\beta_n}) \pm \pi(2k+1) \end{array}\right\} \tag{8・11}$$

【性質7】

根軌跡上のゲイン K の値は次式で求められる．

$$K = \frac{|(s-\beta_1)||(s-\beta_2)|\cdots|(s-\beta_m)|}{|(s-\alpha_1)||(s-\alpha_2)|\cdots|(s-\alpha_n)|} \tag{8・12}$$

【性質8】

根軌跡の虚軸の左側では漸近安定であり，虚軸の右側で不安定になる．

8・2　根軌跡の作図法

根軌跡の作図を，8・1節で与えられたいくつかの性質を用いて求める．次のような開ループ伝達関数の例を用いて根軌跡を求めてみよう．

$$G_0(s) = \frac{K}{s(s+2)(s+4)}$$

根軌跡は，開ループ伝達関数の分母多項式および分子多項式の次元がそれぞれ $n=3$, $m=0$ であり，性質2より軌跡は3本であるから，すべて無限遠点に向かう．

性質3から，その漸近線の実軸との交点 σ は

> **Note**
> 実際には，コンピュータを用いて正確に根軌跡を描くことができるが，根軌跡の性質や作図法を学ぶことによって，過渡特性を深く理解することができる．

8章　根軌跡法

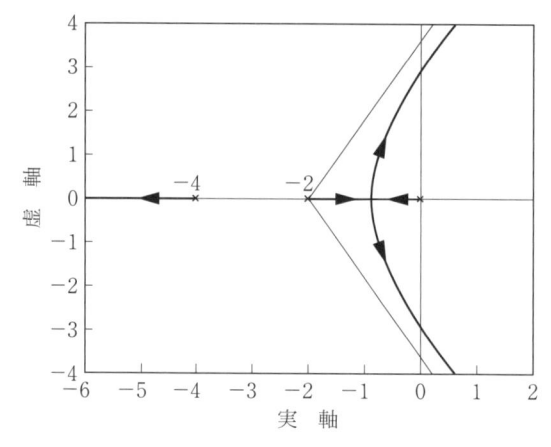

図 8・1　根軌跡 $\left(G(s)=\dfrac{K}{s(s+2)(s+4)}\right)$

$$\sigma = -\dfrac{(-2-4)}{3} = -2$$

で，漸近線の傾きは

$$\pm\dfrac{\pi}{3}(2k+1) \quad (k=0,1,3,\cdots)$$

である．また，実軸上の軌跡の存在領域は性質4から求められる．実際に，この根軌跡は図8・1のようになる．

根軌跡についての性質を用いて，いくつかの典型的な根軌跡の例を以下に示す．

【根軌跡①】　$G_0(s)=\dfrac{K}{s+a}$

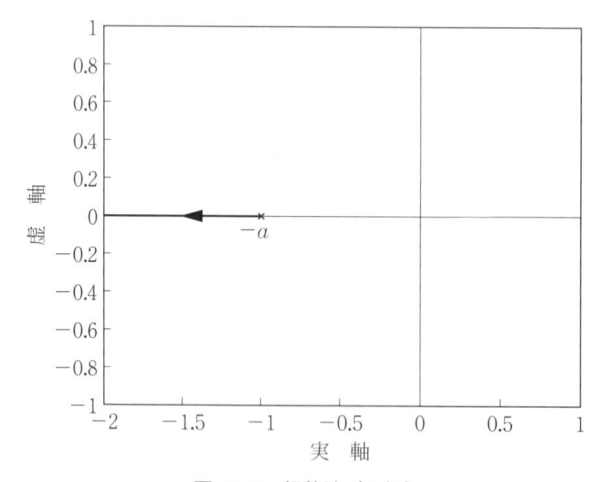

図 8・2　根軌跡（1極）

【根軌跡②】 $G_0(s) = \dfrac{K(s+b)}{s+a}$

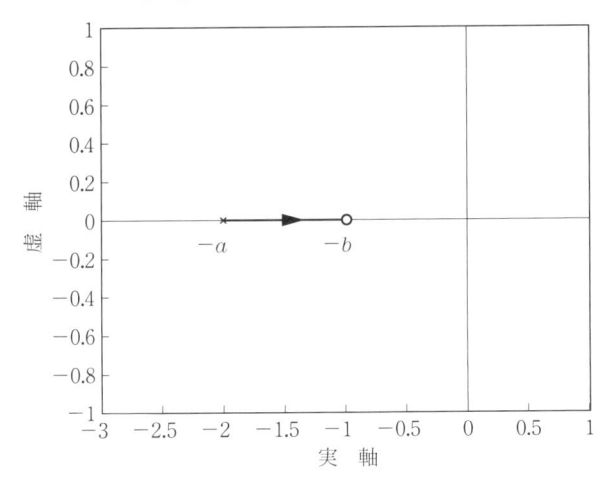

図 8・3 根軌跡（1 極 1 零点）

【根軌跡③】 $G_0(s) = \dfrac{K}{(s+a_1)(s+a_2)}$

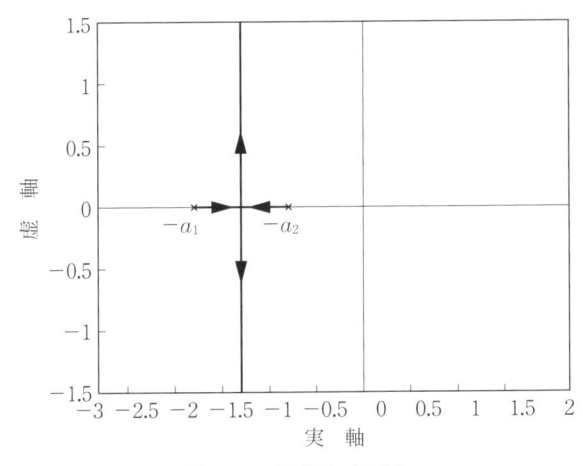

図 8・4 根軌跡（2 極）

【根軌跡④】　$G_0(s) = \dfrac{K}{(s+a_1)(s+a_2)(s+a_3)}$

図 8·5　根軌跡（3極）

以上のように，根軌跡について種々の性質を用いて概略の軌跡を求めることができる．これらの図は，制御系の制御ゲインを決定する場合に必要になる．

8·3　根軌跡による制御系解析

根軌跡は特性方程式の根を表しているので，もしその軌跡が右半平面に進むようであれば，制御ゲインを増加させるといずれは不安定になる．制御系をカスケードに配置して，根軌跡が左半平面内を通過するようにすることが安定化に寄与する．

例えば，開ループ系の伝達関数が次式で与えられているとき，根軌跡は**図 8·6**のようになる．

$$G_0(s) = \dfrac{K}{s^2(s+1)}$$

根軌跡はすでに右半平面に存在し，閉ループ系は不安定であることがわかる．そ

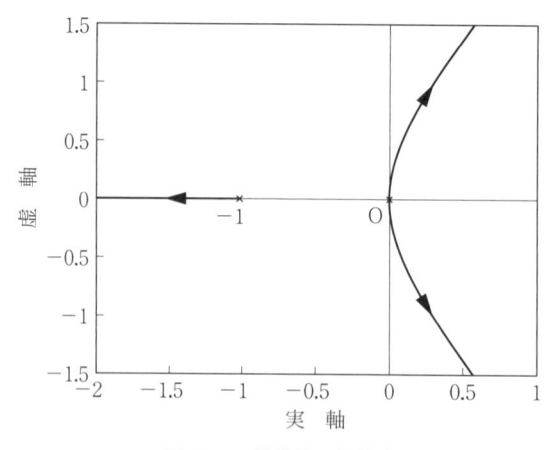

図 8·6　補償前の根軌跡

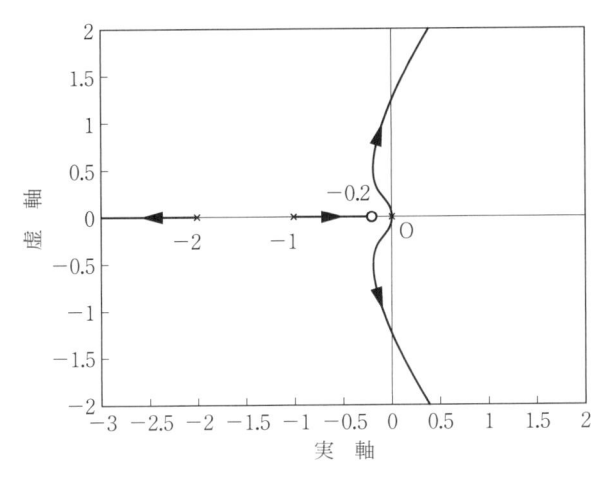

図 8・7 補償後の根軌跡

こで，開ループ系のカスケードに次のような伝達関数を持つ制御装置を挿入する．
$$G_c(s) = \frac{s+0.2}{s+2}$$

そのときの根軌跡は**図 8・7**のように変化する．

その根軌跡は漸近線が左側に移動し，制御ゲインを適切に選択すれば安定となる値が存在することがわかる．

また，望ましい特性根がある領域として指定されている場合は，根軌跡を求めることによってその領域と交わるゲインを求め，望ましい特性根となるようにゲインを決定することができる．

一般に，経験則からプロセス系は減衰係数 ζ が 0.2〜0.4 であるから，特性根の領域は負の実軸を中心として ±66〜±78° にあることが望ましい．この領域に軌跡が入るようにゲインを求め，制御系を設計する．また，サーボ系では同様に，減衰係数 ζ は 0.6〜0.8 が望ましいといわれており，複素平面における望ましい領域は負の実軸を中心として ±37〜±53° である．この範囲に軌跡が入るように設計される．

8章　根軌跡法

演習問題

問 8・1 根軌跡が実軸を中心として上下に線対称であることを示せ．

問 8・2 根軌跡が開ループ系の極から零点に向かうことを示せ．

問 8・3 次の開ループ系の伝達関数が与えられているとき，その根軌跡を描け．
$$G_0(s) = \frac{K(s+1)}{s^2+s+1}$$

問 8・4 次の開ループ系の伝達関数が与えられているとき，その根軌跡を描け．
$$G_0(s) = \frac{K(s+1)}{(s^2+s+1)(s+2)}$$

問 8・5 図 8・1 の開ループ系伝達関数の根軌跡が虚軸と交わるゲイン K を求めよ．

問 8・6 図 8・1 の開ループ系は，ゲインを増していくと振動しはじめ，さらに振幅が増加する．その振動しながら振幅が増加する周波数の近似値を，根軌跡の漸近線から求めよ．

問 8・7 問 8・6 の近似手法を用いて，振動しはじめるゲインの近似値を求めよ．

問 8・8 根軌跡で無限遠点に漸近する軌跡は，無限遠点でそれぞれどのように交わるかを示せ．

問 8・9 根軌跡が開ループ系の極から零点，または無限遠点に漸近するとき，途中で途切れないのはなぜか説明せよ．

問 8・10 根軌跡が実軸から複素領域に進むとき，直角を成して実軸を離れることを示せ．

9章 設　計　法

　制御工学を学ぶうえでの重要な目的の一つは，良いコントローラを設計できるようになることである．制御対象の特徴を捉え，その制御対象に対して最適なコントローラを設計できれば一人前の制御エンジニアということができるだろう．自分が設計したコントローラを接続することにより，従来の応答を大幅に改善できたときの喜びは忘れがたい．

　われわれは，すでにベクトル軌跡，ボード線図などを描き周波数領域での応答について学んできた．また，インパルス応答，ステップ応答などを描き，時間領域での応答について学んだ．さらに，安定性，定常特性，過渡特性などについて学んできた．三次以上の高次のシステムは，取扱いが難しいが，ボード線図を描くことは比較的簡単であることを学んでいる．高次のシステムは，二次系に近似することが可能であることが多いため，ボード線図を見ればステップ応答の概形も予測できる．すなわち，これまで勉強してきた時間応答，周波数応答は相互に関連している．この関連を頭の中で整理して，コントローラの設計につなげよう．本章では，主として周波数領域での設計を取り上げ，時間領域との対応を明らかにする．

9・1　制御系の設計とは何か

　制御系の設計 (control system synthesis) とは，制御対象が与えられたとき，設定した制御性能（定常特性，過渡特性，外乱特性など）の仕様 (specifications) を達成するように適切なコントローラの伝達関数を決定することである．

　最初に，コントローラを構成するのに必要となる補償器について説明する．補償器は，フィードバック系の応答を望ましいものに向上させるために使用するブロックであり，**ゲイン補償** (gain compensation)，**位相遅れ補償** (phase lag compensation)，**位相進み補償** (phase lead compensation) などとそれらの組合せがある．その中で，PIDコントローラは簡単でわかりやすい伝達関数を持ち，定常偏差の低減，応答の高速化，ダンピングの向上が可能であるため，多くの制御対象に用いられている．伝達関数は比例要素，微分要素，積分要素からなり，これらの要素の入力が共通で，出力が加算されている．各要素のゲイン，時定数を上手に決定することで性能の良い制御を実現することができる．

　図9・1は，補償要素とシステムの構成を示している．図(a)は，制御対象に制御装置が直列に接続されている．制御量が目標値に対してより良好に追従する必要があるため，補償要素を直列に接続してフィードバック系を向上しようとするものである．

　図(b)は，制御量を検出して**補償要素** (compensation) に入力し，補償要素の出

9章 設　計　法

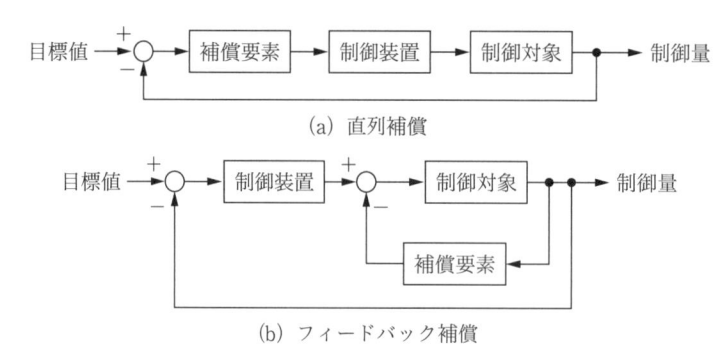

(a) 直列補償

(b) フィードバック補償

図 9·1　補償要素と構成

力を制御対象にフィードバックする方式である．制御装置から見込んだ制御対象の特性を向上させ，制御量が目標値に良好に追従するようにしたものである．

ここで，設計の手法について触れておく．大きく分けると，過渡応答に基づく設計法と周波数応答に基づく設計法の二つがある．

（a）過渡応答に基づく設計法

根軌跡法などによって，複素平面上に閉ループ系の極，零点配置を描き，その配置に注目しながらコントローラを設計する手法を過渡応答法という．経験を積むと，極配置を見て応答を予測できるようになる．左半平面に極が存在すれば安定であるので，安定性が明確である．さらに，原点からの距離，その角度から減衰係数，固有振動角周波数がわかり，コントローラの効果を知ることができる．

しかし，どのような補償要素を挿入すればよいかの指針が不明瞭である．

（b）周波数応答に基づく設計法

ベクトル軌跡，ボード線図，ニコルス線図などを用いて設計する方法であり周波数応答法という．特に，プロセス制御系では，直列補償要素としてPID調節計が用いられている．

このほかにも，数多くの制御系の設計手法が存在する．以降では，基礎的な周波数応答に基づく設計法を取り上げる．すなわち，制御対象に直列にコントローラを接続し，目標値がステップ状に変化したときの応答を評価する．制御量は可能な限り高速に応答し，行過ぎ（オーバシュート）量が少ないことが望まれる．また，定常偏差は可能な限り0に近いことが望ましい．比例補償要素，位相進み補償要素，位相遅れ補償要素をはじめ，比例制御器，微分制御器，積分制御器などの実用的な設計方法を説明する．

9·2　比例制御器（Pコントローラ）

図 9·2 は，**直列制御器**による直結フィードバックシステムである．補償要素と制御装置を，コントローラのブロックで置き換えている．コントローラの伝達関数を G_c，制御対象の伝達関数を G_p とする．制御量が目標値に可能な限り高速に，かつ定常偏差，オーバシュートが少なく応答するように G_c を工夫する必要がある．

Note
比例制御器は最も簡単なコントローラである．単純な割には効果的であることが多い．

9・2 比例制御器(Pコントローラ)

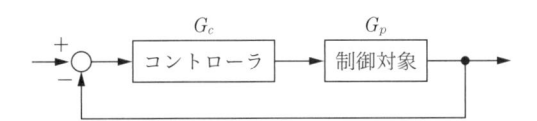

図 9・2 直列制御器による直結フィードバック制御系

本節では、まず G_c が定係数である場合、すなわち、**比例制御器**(Proportional Controller)である場合について考察する。比例制御器のゲインを決定するうえでは、以下の考察が重要である。

・ゲインが低いと応答が遅く、定常偏差が生じやすい。
・ゲインを上げるとともに応答は高速になり、定常偏差が減少する。
・ゲインが高すぎると応答は振動的になり、ゲインが極めて大きいと安定でなくなるおそれがある。

【例題1】 図 9・3 に示す直結フィードバックシステムがある。このシステムについて以下の問に答えよ。

(1) $K=1, 3, 10$ である場合について、開ループ伝達関数のボード線図を描け。また、それぞれの場合の位相余裕、ゲイン交差角周波数を求めよ。ただし、$20\log_{10}3 = 10$ とせよ。

(2) 単位ステップ応答の概形を描け。また、位相余裕、ゲイン交差角周波数から考察せよ。

(3) K の値と応答について考察せよ。また、安定であるための K の条件を述べよ。

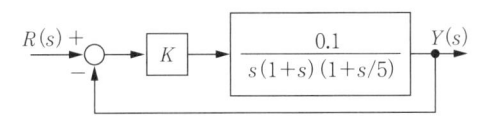

図 9・3 比例制御器

【解 答】 (1) 図 9・4 は開ループ伝達関数のボード線図を示している。低域は -20 dB/dec であり、$\omega=1$ 付近から -40 dB/dec、$\omega=5$ 付近から -60 dB/dec でゲインが低下する。$\omega=0.1$ では $1+s \fallingdotseq 1$、$1+s/5 \fallingdotseq 1$ であるので、ゲインは $K=1$ のときは 0 dB になる。位相特性は、K の値にかかわらず同一である。低域では $-90°$ であり、$\omega=1, 5$ の折点でさらに遅れる。ゲイン特性は、K が高い場合ほどゲインが高くなる。この結果、K が高いほどゲイン交差角周波数が高くなるが、一方、位相余裕は減少してしまう。$K=1, 3, 10$ のときのゲイン交差角周波数と位相余裕は、それぞれ 0.1 rad/s, 82 deg, 0.3 rad/s, 70 deg, 0.8 rad/s, 43 deg である。

(2) $K=3$ の場合は、$K=1$ に比較して応答が高速である。しかし、$K=10$ の場合は応答にオーバシュートが見られ、振動的である。制御対象が 1 形の系であるので、定常偏差は K の値にかかわらず 0 である(図 9・5 参照)。

表 9・1 は、K の値に対して図 9・4 から位相余裕、ゲイン交差角周波数を読み取ったものである。さらに、二次系で近似できるとして位相余裕から減衰係数 ζ を、またゲイン交差角周波数 ω_{cg} と固有角周波数 ω_n がほぼ等しいと近似して応答がピ

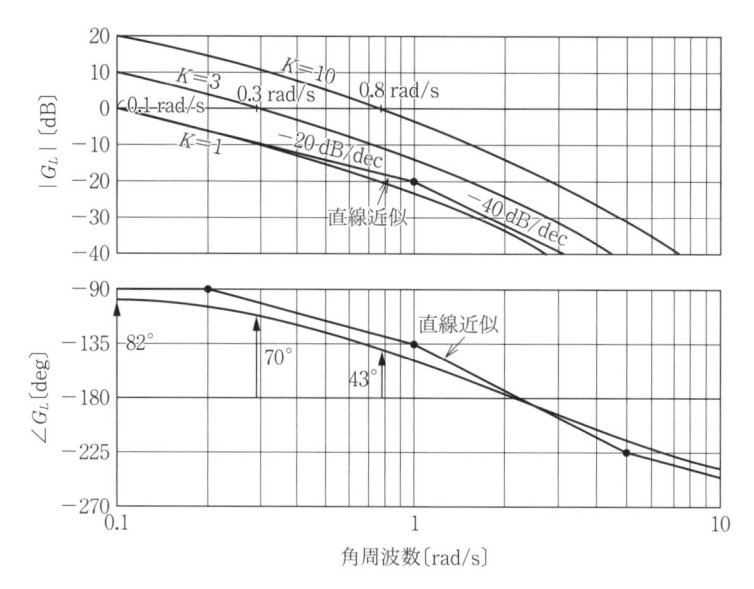

図 9·4　一巡伝達関数と比例ゲイン

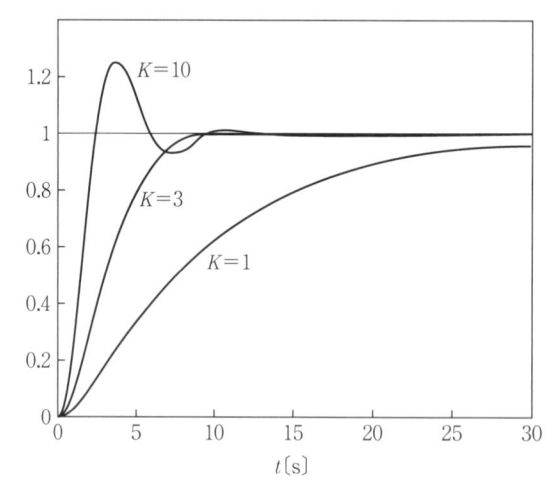

図 9·5　比例ゲインと単位ステップ応答

表 9·1　比例ゲインと位相余裕，応答波形

K	位相余裕 [deg]	ゲイン交差 角周波数[rad/s]	ζ	π/ω_{cg} [s]	コメント
1	82	0.1	—	30	オーバシュートなし
3	70	0.3	0.8	10	オーバシュート微少
10	43	0.8	0.4	4	オーバシュート25%

ークに至る時刻を算出したものである．二次系で近似できる場合，位相余裕 ϕ_m と減衰係数 ζ はほぼ比例し，$\phi_m = 100\zeta$ である．ζ が 0.6 以上ではこの近似式からはずれ，$\phi_m = 75°$ では $\zeta = 1$ である．文献 2) 参照．

$K = 10$ である場合は，位相余裕が 43° であるので，ζ はほぼ 0.4 である．したが

って，オーバシュートは約25%発生する．オーバシュートが発生する時刻 π/ω_{cg} は，ゲイン交差角周波数が 0.8 rad/s であるので，4 s である．なお，ゲイン交差角周波数と固有角周波数 ω_{cg} が等しいとする近似は，原理的には2倍程度の誤差を伴う大胆な近似であるが，ステップ応答の概形をフリーハンドで描くには十分である．ステップ応答を参照すると，オーバシュートが25%程度で，時刻4sで発生している．

$K=1, 3$ の場合はオーバシュートはほとんど発生しないが，π/ω_{cg} がそれぞれ 30，10であり，それぞれの時刻においてほぼ最終値に近い値である．

(3) K の値が大きいほど応答は高速である．しかし，大きすぎると応答が振動的になる．$K=1$ の際にはゲイン余裕は 34 dB であるので，$K<50$ であれば安定である．

なお，以上の解答は数値計算によりボード線図，ステップ応答を描いた．ボード線図は直線近似で描くことができるので，直線近似のボード線図からゲイン交差角周波数，位相余裕を読み取り，減衰係数，π/ω_{cg} を計算してステップ応答の概形を描くことができる．図9・4には $K=1$ の場合について直線近似によるボード線図を描いている．位相角は折点の 1/5，5倍角周波数で 0，$-90°$ としており，計算値と15°以内で一致している．対数グラフと定規で設計ができるので，原理を理解する良い手法である．

最近では，コンピュータを手軽に使えるようになった結果，原理をよく理解してコントローラ設計の見通しをつけることがより重要になってきた．読者の方々には，単なるコンピュータのオペレータではなく，制御の基本を身につけた人物になってほしい．

【例題2】 次のような制御対象 G_p に直列に比例制御器 K を施し，直結フィードバック系を構成する．以下の各問に答えよ．

$$G_p = \frac{2}{(1+s)(1+s/10)(1+s/50)} \tag{9・1}$$

(1) 開ループ伝達関数のボード線図を描き，安定な K の範囲を求めよ．
(2) 位相余裕が 67.5，45，22.5° になる K の値を求めよ．
(3) K の値が1および(2)で算出した値のときの単位ステップの最終値を求めよ．
(4) 単位ステップ応答を描け．また，開ループ伝達関数のゲイン交差角周波数と位相余裕からステップ応答を考察せよ．
(5) 定常偏差をさらに小さくするにはどうすればよいか．

【解答】 (1) 図9・6は $K=1$ のときのボード線図を示している．この制御対象は0形のシステムである．したがって，ゲイン特性は低周波では $\log_{10} 2 = 6$ dB であり，1 rad/s，10 rad/s，50 rad/s で折点を持つ．位相角は低周波では 0 deg であるが，徐々に遅れ，$\omega=23$ rad/s で $-180°$ になる．このときのゲインは -30 dB であるので，$K<10^{31/20}=31$ で安定となる．

(2) ボード線図から位相余裕を 67.5，45，22.5°とする $20\log_{10}K$ の値は，それぞれ 9，15，22 dB である．したがって，K はそれぞれ約 2.8，5.6，13 となる．

(3) 単位ステップ入力時の定常偏差は，G_p の低域ゲイン 2 と比例ゲイン K から $1/(2K+1)$ である．したがって，最終値は $1-1/(2K+1)$ であり，表9・2に示すようになる．例えば，$K=2.8$ のときに定常偏差は 0.15 であり，最終値は 0.85 である．

9章 設計法

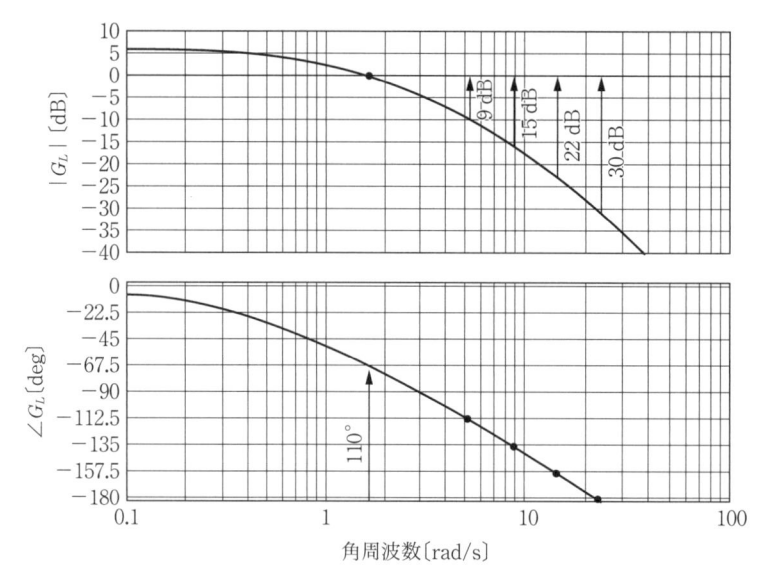

図 9・6 一巡伝達関数

表 9・2 比例ゲインと位相余裕，応答波形，定常偏差

K	位相余裕 [deg]	ゲイン交差 角周波数 [rad/s]	ζ	π/ω_{cg} [s]	コメント	$1/(2K+1)$	$1-1/(2K+1)$
1	110	1.8	1 以上	1.6	オーバシュートなし	0.3	0.7
2.8	67.5	5.1	0.7	0.6	オーバシュート微少	0.15	0.85
5.6	45	8.7	0.45	0.35	オーバシュート 25%	0.08	0.92
13	22.5	13	0.22	0.24	オーバシュート 50%	0.04	0.96

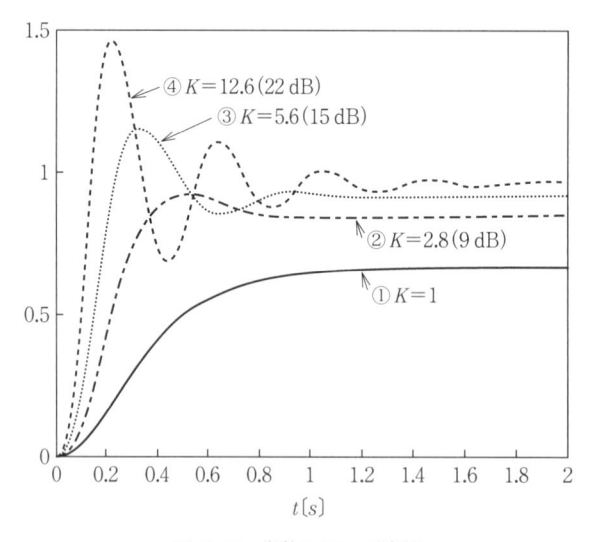

図 9・7 単位ステップ応答

(4) 図 9·7 は単位ステップ応答を示している．①の $K=1$ である場合は最終値は 0.7 にすぎない．また，応答も遅い．②の $K=2.8$ である場合は定常偏差も減少し，応答性も改善している．しかし，わずかにオーバシュートが見られる．③の $K=5.6$ では約 20% 程度のオーバシュートが発生している．④の $K=12.6$ では約 50% のオーバシュートが発生している．オーバシュートが発生する時刻は，およそ表 9·2 の π/ω_{cg} に近い．

(5) 定常偏差をさらに小さくするために K を増加しても，応答が振動的になり，31 以上では安定でなくなってしまう．そこで，比例ゲインを増加して定常偏差を小さくするには限界があり，比例積分制御などが必要である．

9·3 比例積分制御器（PI コントローラ）

前節の最初の例は 1 形のシステム，2 番目の例は 0 形のシステムであり，0 形のシステムでは K を増加しても定常偏差を減少するには限界があることが明らかである．本節では，比例制御器に加えて積分制御器を追加することにより，定常偏差を減少する手法を明らかにする．また，関連が強い位相遅れ補償器についても学ぶ．

図 9·8 は，比例積分制御器（Proportional Integral Controller），その変形および位相遅れ補償器のブロック図とゲイン角周波数特性を示している．図(a)は比例積分制御器であり，PI コントローラと呼ばれる．コントローラの伝達関数 G_c は，比例要素のゲイン K_p と積分要素の伝達関数 K_i/s の和である．G_c のゲイン角周波数特性は，低域では積分ゲインが支配的であるので $G_c=K_i/s$ となり，-20 dB/dec である．高域では，比例ゲインが支配的であるので $G_c=K_p$ である．$\omega_i=K_i/K_p$ では比例ゲインと積分ゲインが等しい値になり，折点になる．

図(b)は K_p を信号入力側に配置した構成をしている．このような構成にすると K_p の値を調整しても折点角周波数が変化しない特長がある．フィードバック系を構成して，フィードバック構築後にゲインを微調整することは多い．このような際に折点角周波数が変動しないことが望ましい．折点角周波数は ω_i であり，積分要素のゲインである．

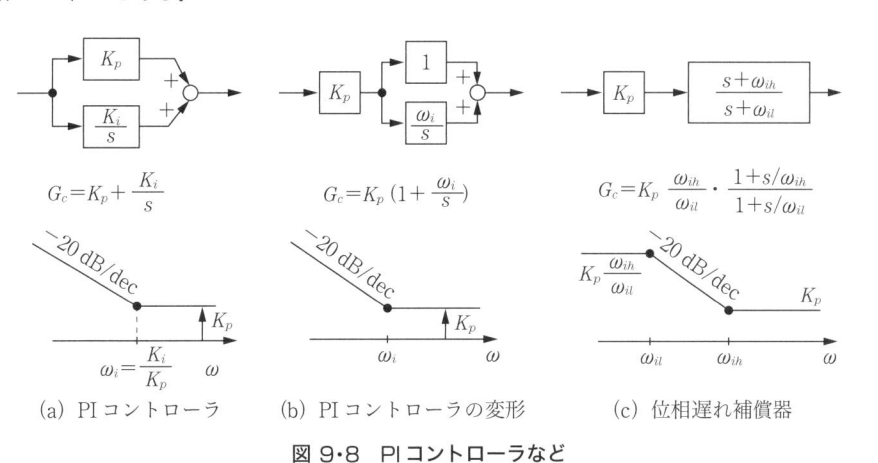

> **Note**
>
> PI コントローラは定常偏差を 0 にできるため，頻繁に用いられる．例えば，モータの速度制御では，6 000 min^{-1} の指令値に対して偏差は 1 min^{-1} 以下である．

$$G_c=K_p+\frac{K_i}{s}$$

$$G_c=K_p\left(1+\frac{\omega_i}{s}\right)$$

$$G_c=K_p\frac{\omega_{ih}}{\omega_{il}}\cdot\frac{1+s/\omega_{ih}}{1+s/\omega_{il}}$$

(a) PI コントローラ　　(b) PI コントローラの変形　　(c) 位相遅れ補償器

図 9·8 PI コントローラなど

図(c)は**位相遅れ補償器**（phase-lag compensator）と呼ばれる伝達関数と比例制御器からなる．位相遅れ補償器は ω_{il} と ω_{ih} の二つの折点を持ち，$\omega_{il} \ll \omega_{ih}$ である．ゲインは低域では $K_p \omega_{ih}/\omega_{il}$ であり，低域の折点から $-20\,\mathrm{dB/dec}$ で低下し，高域の折点から K_p になる．低域の折点を十分低くすれば，図(b)に近くなる．

> **Note**
> 位相遅れ補償器は元来振動的な制御システムの振動を抑制する効果を得ることもできる．元来振動的な制御システムの安定化は，$0\,\mathrm{dB}$ 以下の比例制御を行うことも効果的である．

【**例題3**】 式(9·1)の制御対象に図9·8(b)の制御器を適用したとき，以下の各問に答えよ．
(1) $20\log_{10} K_p = 10\,\mathrm{dB}$ とし，$\omega_i = 0.02,\ 0.2,\ 2\,\mathrm{rad/s}$ について，G_c のボード線図を描け．
(2) (1)の三つの場合について，開ループ伝達関数を示せ．また，位相余裕，ゲイン交差角周波数を求めよ．
(3) 単位ステップ応答を示せ．

【**解答**】 (1) $K_p = 3.16$ となる．ボード線図を**図9·9**に示す．ω_i が大きいほど折点が高域にあり，低域ゲインが向上する．折点での位相角は遅れ $45°$ で，約 $3\,\mathrm{dB}$ ゲインが高い．図9·8(a)，(b)の加算のボード線図も，直線で近似できることがわかるだろう．低周波の外乱を抑圧する，あるいは低周波の目標値に追従するためには低域ゲインが高いほど望ましい．

(2) **図9·10**は，以下の開ループ伝達関数のボード線図を描いている．

$$G_c G_p = K_p \left(1 + \frac{\omega_i}{s}\right) \cdot \frac{2}{(1+s)(1+s/10)(1+s/50)}$$

$\omega_i = 0.2,\ 0.02$ は高域がほとんど同一であり，位相余裕は約 $65°$ でゲイン交差角周波数は $5.4\,\mathrm{rad/s}$ である．$\omega_i = 0.2$ のほうが低域ゲインが高いので，より高速な偏差の減少が期待できる．$\omega_i = 2$ は位相余裕がかなり減少し $44°$ であり，応答は振動的になると予測される．ゲイン交差角周波数は $5.7\,\mathrm{rad/s}$ である．

(3) **図9·11**は単位ステップ応答を示している．$0 \sim 14\,\mathrm{s}$ までの範囲を描いているが，十分な時間が経過すると，いずれも応答は 1 に収束する．$\omega_i = 0.02$ は応答の収束が極めて遅く，なかなか 1 に収束しない．$\omega_i = 0.2$ では 0.02 のときより 10

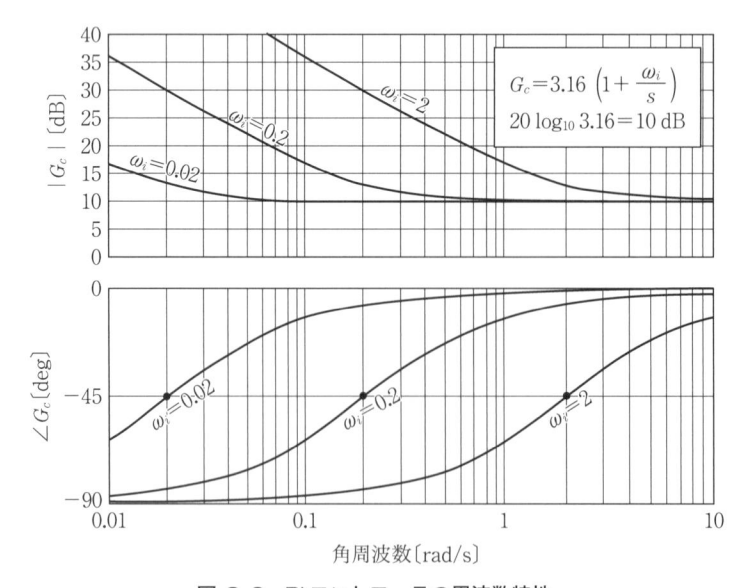

図 9·9　PIコントローラの周波数特性

9・3 比例積分制御器（PI コントローラ）

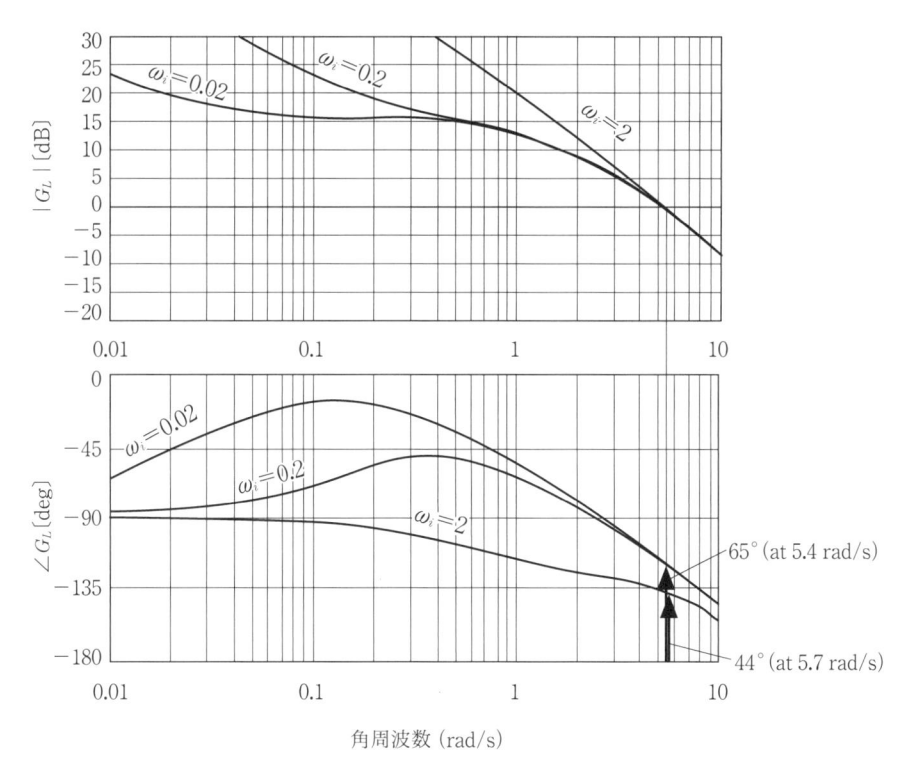

図 9・10　PI ゲインと一巡伝達関数

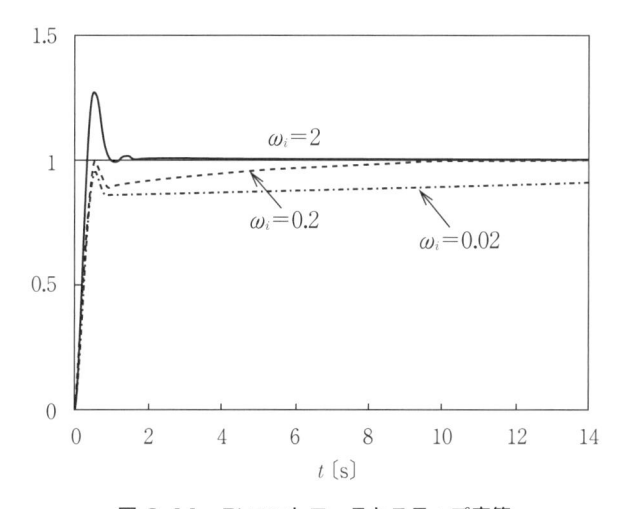

図 9・11　PI コントローラとステップ応答

倍収束が早く，14 s 後にはほぼ 1 に近くなる．$\omega_i=2$ では 2 s ほどで目標値に到達しているが，約 25% オーバシュートが発生してしまう．一般的には，$\omega_i=0.2$ が望ましいと思われる．しかし，微分制御によりオーバシュートを抑制することができれば，ω_i を 2 近くに増加させ，より高速な応答が得られる可能性がある．9・5 節の例題では，このシステムのダンピングの向上を図る．

9・4 比例微分制御器 (PD コントローラ)

　制御量の応答にオーバシュートが発生し，振動的なことがある．例えば，比例制御器のゲインを高く設定している場合，元来，振動的な応答を発生する制御対象などがある．このような場合に振動を抑制して，ダンピング (damping) を向上させる必要がある．**微分制御器**は，入力信号を微分して増幅するため，振動を抑制してダンピングを向上できる．そこで，微分制御器で振動を抑制し，比例制御器のゲインをさらに向上すれば速応性があるシステムを構成することができる．

　図 9・12 は，比例微分制御器と**位相進み補償器**(Phase-lead Compensator) のブロック線図とボード線図を示している．図(a)は比例微分制御器 (Proportional and Derivative Controller) であり，**PD 制御**と呼ばれる．入力は比例要素，微分要素で増幅され，加算される．ボード線図は，低域では比例要素が支配的であり，一定ゲイン K_p である．高域は微分ゲインが支配的になり，sT_d であるので，20 dB/dec でゲインは増加する．$\omega_d = K_p/T_d$ では比例ゲインと微分ゲインが等しくなり，折点になる．一方，位相は低域から徐々に進み，折点では 45° になり，高域では 90° になる．

(a) PD コントローラ　　(b) 位相進み補償器

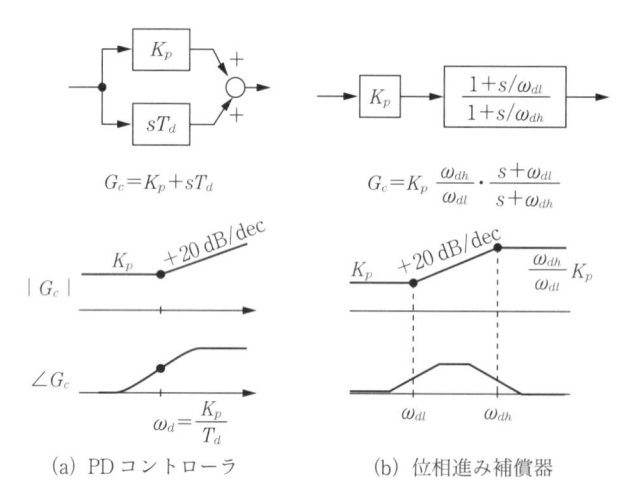

図 9・12　比例微分制御器など

　微分ゲインは角周波数に比例してゲインが増加するため，角周波数が高い領域ではゲインが極めて高くなる．すると，混入したノイズなどを増幅してしまうことが多く，増幅器の飽和などの問題を引き起こすおそれがある．そのため，折点の 10 倍あるいは 100 倍角周波数で微分演算をやめることが一般的で，図(b)の伝達関数が用いられることが多い．

　図 9・12(b)は，位相進み補償器と比例制御器の組合せを示している．低域では，ゲインは K_p が支配的である．最初の折点 ω_{dl} から 20 dB/dec でゲインが増加する．ここまでは図(a)と同一である．しかし，高域の折点 ω_{dh} から一定ゲイン $K_p\omega_{dh}/\omega_{dl}$ になる．位相は，低域で 0° であるが，徐々に進み，低域の折点で 45°

9・4 比例微分制御器（PDコントローラ）

進み，最大値をとり，高域の折点で45°進み，徐々に0に近づく．

ω_{dh}/ω_{dl} の値は，微分動作が有効な角周波数帯域を決定するため重要である．角周波数帯域は，ノイズなどとの兼ね合いで決定することが多く，一般的には5から100程度の値になることが多い．この伝達関数の分子の1が欠落したものは微分制御器に高域カットのフィルタを追加したものであり，**不完全微分器**と呼ばれる．

【例題4】 図9・12(b)において，$K_p=1$ とし，$\omega_{dl}=1$，$\omega_{dh}=10$，100 の場合の G_c のボード線図を描け．

【解答】 図 **9・13** にボード線図を示す．低域では 0 dB であり，位相進み角度は 0° である．1 rad/s の折点では，位相進みは 45° 近くなる．$\omega_{dh}=100$ では 20 dB/dec でゲインは増加し，位相は 90° 付近まで進むが，100 rad/s の折点があるため進み量は徐々に減少する．

ω_{dh} が低い10の場合は，位相進み量はより少なくなる．直線近似で位相特性を描くと，0.2 rad/s から直線的に増加し，1 rad で 45° を通り，2 rad/s から平坦になり，5 rad/s から位相進み量が直線的に減少し，10 rad/s で 45° を通り，50 rad/s で 0° になる．図9・13 に書き込んでみよう．

このボード線図で特に有用な角周波数領域は，ゲインの増加が少なく，位相の進みが確保できる 0.3〜1 rad/s の帯域である．この帯域がゲイン交差角周波数付近になるように ω_{dl} を設計すれば，ゲイン交差角周波数で位相余裕を増加し，振動的な応答にダンピングを与えることができる．

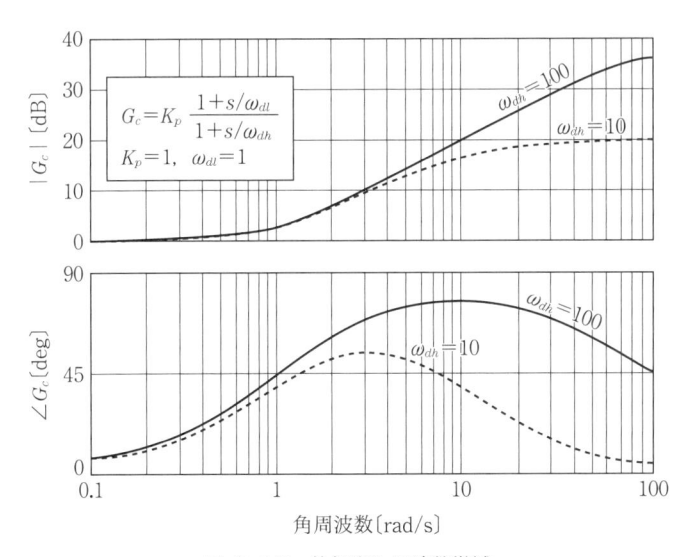

図 9・13 位相進み周波数帯域

【例題5】 9・2節の例題1の制御対象では，図9・5からも明らかなように，$K=10$ とするとオーバシュートが20%強発生するため，$K=3$ にする必要があった．このシステムをより高速にし，かつオーバシュートが発生しない応答を得たい．

(1) $K_p=1$ として，$\omega_{dl}=0.3, 1, 3$ rad/s の場合の G_c のボード線図を描け．ただし，$\omega_{dh}=100\omega_{dl}$ とせよ．

(2) (1)の三つのコントローラを直列に接続した場合の開ループ伝達関数のボー

ド線図を描き，考察せよ．
(3) 単位ステップ応答を描いて考察せよ．

【解　答】 (1) 図 **9・14** は，三つの場合のボード線図を描いている．低域の折点が高いほどゲイン特性，位相特性は高域にスライドする．また，低域の折点では位相進み角は 45° になる．ゲインが上がらないで位相が進む角周波数領域は，ω_{dl} により決定することが明らかである．ω_{dl} の値の最適化が，応答の向上に極めて重要となる．

(2) 図 **9・15** は，コントローラが三つの場合と比例コントローラだけの場合について開ループ伝達関数を描いている．$K_p=10$ だけの場合はゲイン交差角周波数が低く，位相余裕は 41° と低い．$\omega_{dl}=3$ ではやや増加して 56° である．$\omega_{dl}=3$ では位

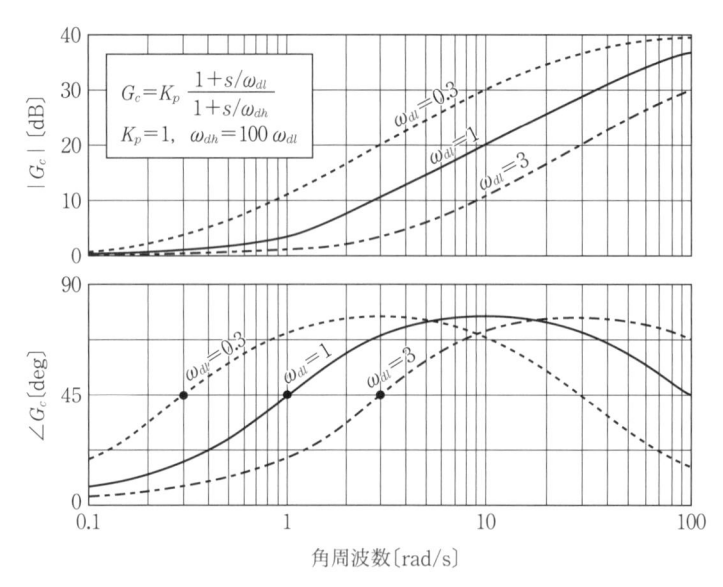

図 9・14　位相進みと ω_{dl}

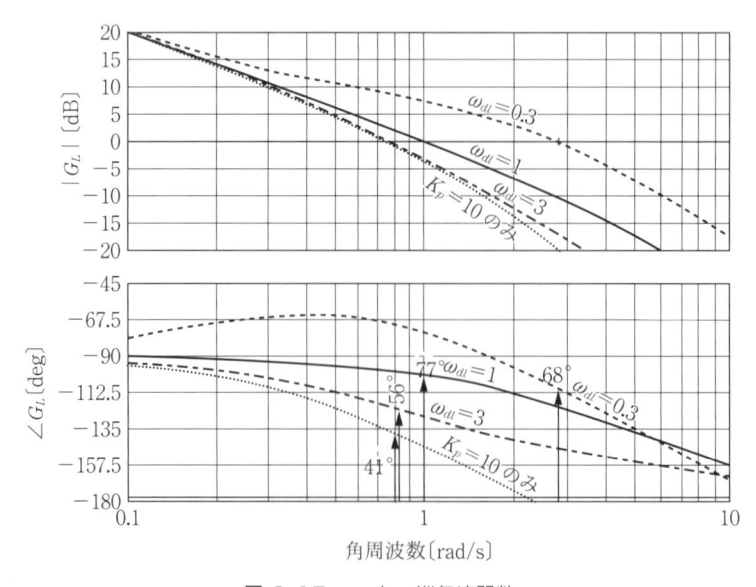

図 9・15　ω_{dl} と一巡伝達関数

相余裕が 77° とかなり向上する．$\omega_{dl}=0.3$ ではゲイン交差角周波数が向上するものの，位相余裕は 68° に再び減少する．したがって，$\omega_{dl}=1$ あるいは 3 が適当と思われる．

(3) 図 9·16 は，単位ステップ応答を示している．$K_p=10$ のみは，比例コントローラだけの応答である．約 4 s 弱でオーバシュートが 20% 強発生している．$\omega_{dl}=0.3$ ではやや振動的な応答になっているが，高速に応答している．$\omega_{dl}=1$ はオーバシュートもなく最適な応答である．$\omega_{dl}=3$ は突部が発生しており，振動を抑制する効果は低い．以上より $\omega_{dl}=1$ が最も効果的に振動を抑制している．

図 9·5 の $K=3$ は，オーバシュートが極めて小さくなるように比例コントローラのゲインを調整したものである．目標値 1 の 90% に到達する時間は約 6 s であった．これに対し，今回の例では $\omega_{dl}=1$ では約 2 s で目標値の 90% に到達している．微分制御を適用し，比例ゲインを増加した結果，大幅に応答を改善することができた．

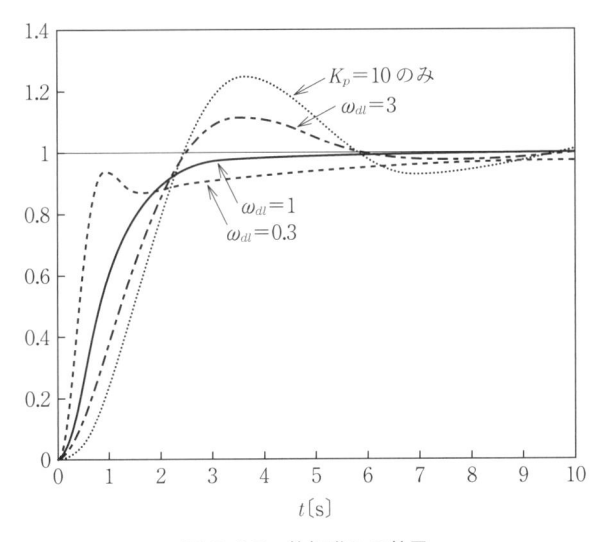

図 9·16 位相進みの効果

9·5 比例微分積分制御器（PID コントローラ）

比例微分積分制御器（Proportional-Integral-Derivative Controller）は PID コントローラと呼ばれ，実用的な制御で最も多く用いられるコントローラである．すでに学んだ比例制御器，積分制御器，微分制御器のすべての要素を含んでいる．また，位相進み補償器と位相遅れ補償器を直列に接続した**位相進み遅れ補償器**も，PID コントローラと類似した伝達特性を持つ．

これらのコントローラのゲインは低域で高く，徐々にゲインが低下し，中域で一定値になる．さらに，徐々にゲインが増加し，高域ではゲインが高くなり，その後低下する．一方，位相は低域では遅れ，中域で位相が 0° になり，高域のゲイン交差角周波数付近で位相が進み，その後 0° に戻る．このような周波数特性を持つコントローラの特長は，①低域でゲインが高いので定常偏差が低減できる，②高域で

Note
実際の PID コントローラには高域カット，低域カットフィルタなどが入り，次数は五〜六次以上になることが多い．開ループ伝達関数の形状を整える H_∞ 制御などではさらに次数を高くすることがある．

位相が進むため,振動を抑制してダンピングを向上できることである.

図 9・17 は,PID コントローラなどのブロック線図とボード線図を描いている.図(a)は PID コントローラであり,誤差信号が入力され,誤差信号を比例要素,積分要素,微分要素により増幅する.これらの和が出力になる.低域では積分ゲインが支配的であり,中域は比例ゲイン,高域は微分ゲインが支配的になる.したがって,ゲインは低域で高く,$-20\,\mathrm{dB/dec}$ で減少し,中域で一定値 K_p になり,高域で増加する.位相角が低域では $-90°$ であるが,徐々に 0 に近づき,中域では $0°$ である.高域では位相が進む.

$$G_c = K_p + \frac{K_i}{s} + sT_d$$

$$G_c = K_p\left[1 + \frac{\omega_i}{s} + \frac{s/\omega_d}{1+s/(10\omega_d)}\right]$$

$$G_c = K_p\,\frac{1+s/\omega_{dl}}{1+s/\omega_{dh}}\cdot\frac{s+\omega_{ih}}{s+\omega_{il}}$$

(a) PID コントローラ　　(b) PID の変形　　(c) 位相進み遅れ補償器

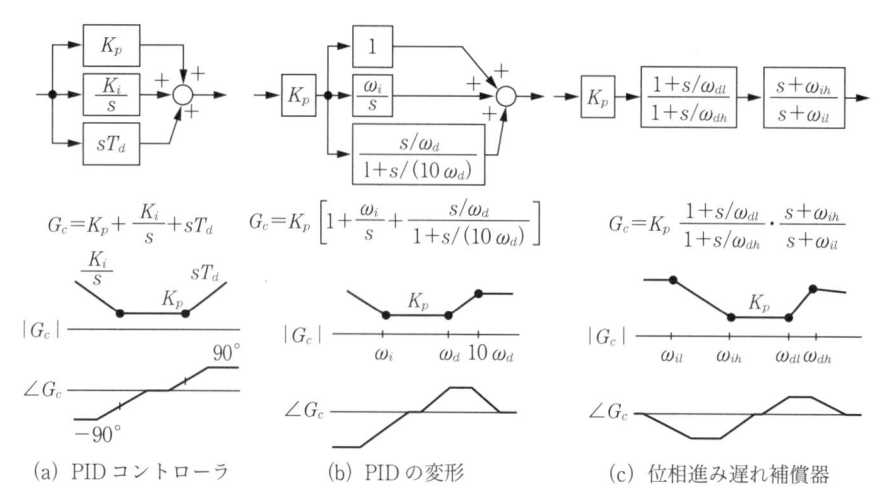

図 9・17　PID コントローラなど

図 9・17(b) は K_p を取り出し,また s/ω_d の微分器に高域カットのフィルタを加えた不完全微分器を用いたものである.カットオフ角周波数は ω_d の 10 倍としているが,実際には $10\,\omega_d$ よりさらに高い角周波数に高域カットのフィルタがいくつか構成される.図(a)の PID コントローラも,実際には不完全微分器を用いる必要があるので,図(b)と等しい周波数特性になる.ω_i と ω_d の折点角周波数の決定方法には工夫が必要である.もし,ω_i と ω_d があまりに近いと ω_d による位相進み角が ω_i による位相遅れにキャンセルされてしまうおそれがある.一方,離れすぎていると低域のゲインが上がらず,偏差の収束が遅くなる.一般に,ω_i は $\omega_d/10$ 程度に決めることが多い.

図(c)は,比例要素と位相進み要素,位相遅れ要素を直列に接続した構成である.四つの折点があり,低域の二つの折点は位相遅れ要素により決まり,高域の二つの折点は位相進み要素により決まる.中域のゲインは K_p である.ブロックが直列に接続されているので,ボード線図を描く際に対数グラフ上で加算になり,簡単に作成できる特長がある.

では,比例ゲイン K_p,積分ゲイン K_i,微分ゲイン T_d をいかに決定すればよいのであろうか.代表的なゲイン決定方法として,表 9・3 に示す**ジーゴラ-ニコルスの限界感度法**がある.これは制御対象を無駄時間要素と一次遅れ要素の積で近似し,閉ループ系の行過ぎ量が 25% になるようにパラメータを設定する.3 段目は PID コントローラのパラメータであり,安定限界になるときの比例ゲイン K_p,積

9・5 比例微分積分制御器（PIDコントローラ）

表 9・3 ジーゴラ–ニコルスの限界感度法

	K_p	$1/K_i$	T_d
比例制御	$0.5\,K_{pu}$	0	0
比例積分制御	$0.45\,K_{pu}$	$0.83/K_{iu}$	0
比例微分積分制御	$0.6\,K_{pu}$	$0.5/K_{iu}$	$0.125\,T_{du}$

分ゲイン K_i，微分ゲイン T_d の値をそれぞれ K_{pu}，K_{iu}，T_{du} としている．K_p，K_i，T_d をそれぞれ $0.6\,K_{pu}$，$2\,K_{iu}$，$0.125\,T_{du}$ に設定する方法である．

【例題6】 図9・7のステップ応答を持つ制御対象に図9・17(b)のコントローラを適用してステップ応答を向上させたい．以下の問に答えよ．

(1) まず，比例制御器を制御対象 G_p に直列に接続する．極力オーバシュートが小さく，かつ高速な応答が得られるように位相余裕を75°にしたい．比例制御器のゲイン K を求めよ．また，ゲイン交差角周波数を求めよ．なお，この比例制御器を接続する以前をケース①とし，この比例コントローラをつけた場合をケース②とせよ．

$$G_p = \frac{2}{(1+s)(1+s/10)(1+s/50)}$$

(2) 以下の比例微分制御器 G_c を接続し，ゲイン交差角周波数での位相進み量を向上させ，さらに比例ゲインを K から増加させたい．$K_p = 10$，$\omega_d = 10$ rad/s としてコントローラ，開ループ伝達関数のボード線図を描け．この場合をケース③とせよ．

$$G_c = K_p\left\{1 + \frac{s/\omega_d}{1 + s/(10\omega_d)}\right\}$$

(3) 以下のように積分制御を追加して低域のゲインを向上したい．$\omega_i = 1$ としてコントローラ，開ループ伝達関数のボード線図を描け．なお，この場合をケース④とせよ．

$$G_c = K_p\left\{1 + \frac{\omega_i}{s} + \frac{s/\omega_d}{1 + s/(10\omega_d)}\right\}$$

(4) ケース①〜④の開ループ伝達関数のボード線図からステップ応答について考察せよ．また，単位ステップ応答を描き，考察せよ．

(5) ケース④のコントローラを実現する演算増幅器回路を描け．

【解答】 (1) 制御対象のボード線図は，すでに図9・6に描かれている．位相余裕が75°となるのは $\omega = 4.3$ rad/s であり，このときのゲインは -7 dB である．したがって，比例ゲインを7 dB，$K = 2.2$ とすればよい．

(2) 微分制御で位相を進める必要があるのは $\omega = 4.3$ rad/s 付近である．したがって，やや高い $\omega_d = 10$ rad/s に折点を決める．図9・18に③のコントローラのボード線図を描いている．10 rad/s では約45°弱の位相進み角が得られることがわかる．

図9・19には開ループ伝達関数が描かれている．②に比較すると K_p を増加したのでゲインが向上している．ゲイン交差角周波数は4 rad/sから20 rad/sに向上している．また，位相余裕 ϕ_{m3} は ϕ_{m2} に比較してやや減少しているものの著しい減少は見られない．

(3) コントローラのボード線図は図9・18の④である．③に比較して低域のゲインが向上している．一方，10 rad/s以上の角周波数帯域では③とほぼ等しい位相進

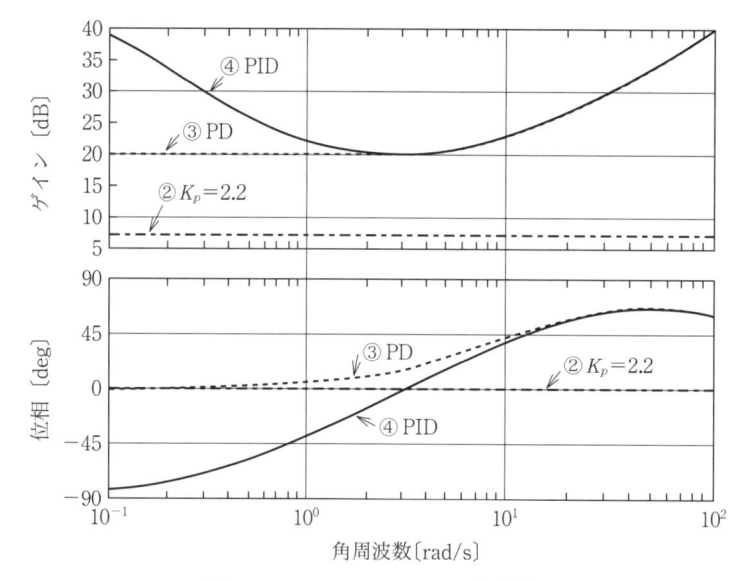

図 9·18 コントローラの周波数特性

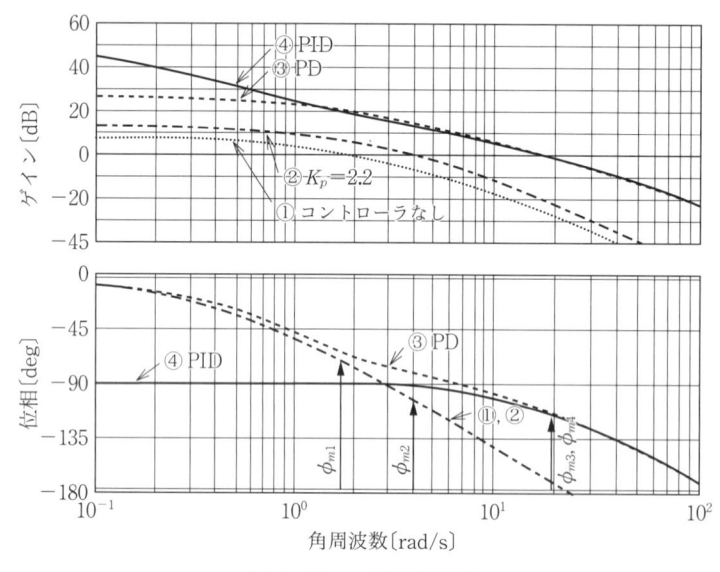

図 9·19 一巡伝達関数

み角が確保されている．図 9·19 の開ループ伝達関数のゲインは③に比較して低域で向上している．位相特性は低域では③に比較して遅れているが問題はない．高域では③と等しい位相特性であり，③と等しいダンピング効果が得られる．

(4) 図 9·19 の開ループ伝達関数から以下の考察ができる．

- ①は低域ゲインが低いので目標値に追従せず，最も大きな定常偏差が発生する．ゲイン交差角周波数も低いので応答が遅い．位相余裕は 75° より大きいのでオーバシュートは発生しない．
- ①と比較すると②はゲイン交差角周波数が高く，低域のゲインも高いので，応答が早く定常偏差も小さい．

9・5 比例微分積分制御器（PID コントローラ）

・②と比較すると③は低域ゲインが高いので，定常偏差がより小さくなる．また，ゲイン交差角周波数が高いので高速な応答が期待できる．およそ5倍ほどゲイン交差角周波数が高いので，5倍高速である．
・③と比較すると④は低域ゲインが$-20\,\mathrm{dB/dec}$であるので，定常偏差が発生しない．したがって，目標値1に偏差なしで追従する．また，応答は③と同等の高速の応答になる．

図 9・20 は単位ステップ応答を示している．上の四つの考察がほぼ正しいことが明らかである．また，①に比較して④は高速で定常偏差が少ない良好な応答である．

(5) 図 9・21 は，演算増幅器によるコントローラ実現の例を示している．入力電圧 v_{in} は反転増幅器で-1倍，積分器で$-1/(sCR)$倍，不完全微分器で$-sC_1R_2/(1+sC_1R_1)$倍される．さらに，これらは反転加算器で加算され，与えられた伝達関数を実現する．なお，詳細については 10 章を参照されたい．

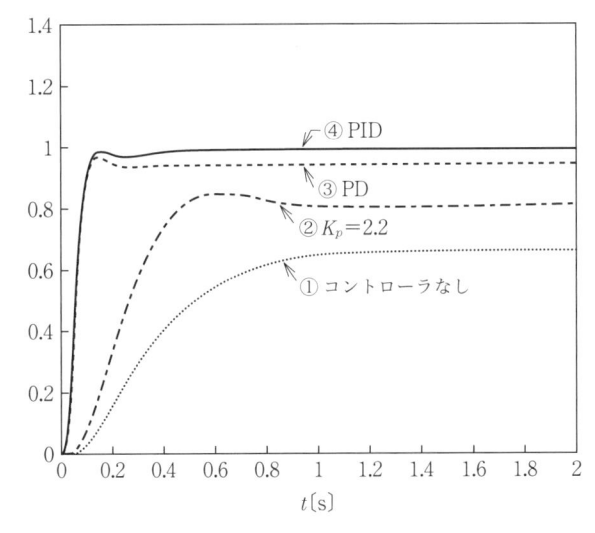

図 9・20　ステップ応答

$$v_a = 10\left(\frac{1}{s} + 1 + \frac{s/10}{1+s/100}\right)$$

$C_1R_2 = 1/10$
$C_1R_1 = 1/100$

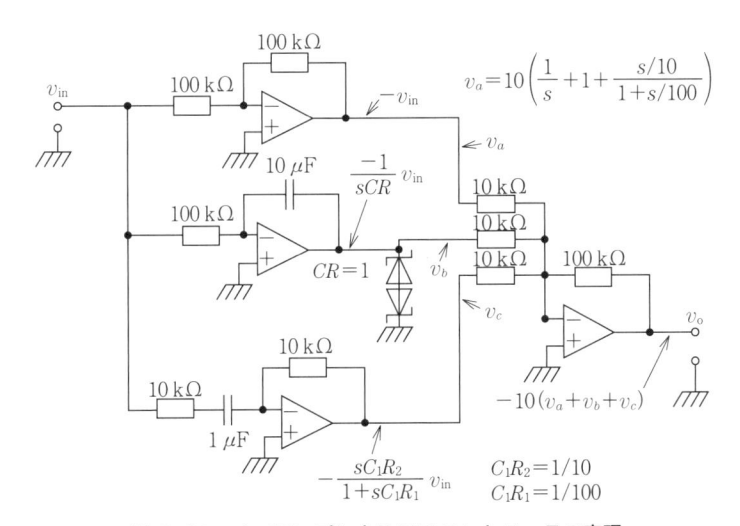

図 9・21　オペアンプによる PID コントローラの実現

9章 設計法

磁気軸受

　PID コントローラが重要な役割をする応用に，磁気軸受がある．U 字形をした鉄心にコイルを巻き，コイルの電流を制御すれば，U 字形鉄心が発生する電磁力を調整することができる．四つの U 字形鉄心を直交 2 軸 x，y の正方向，負方向に配置すると，電磁石は回転する主軸を引っ張り合う．この主軸の位置を変位センサで検出して，中心の位置指令値と比較する．偏差を PID コントローラで増幅して，電流指令値を発生するフィードバック系になる．

　コントローラのゲインが適切でないと，主軸はいずれかの電磁石に吸引されてタッチダウンしてしまう．何とかゲインを調整して安定化できたときの喜びはひとしおである．しかし，安定化しても主軸にアンバランスや偏心があるため，回転速度を上げるほど軸の振れが大きくなるので，比例，微分ゲインを適切に決定して振動を押さえる必要がある．

演習問題

問 9・1 図 9・4 のボード線図を，$K=1$ 以外の例について直線近似をして描け．この際，位相特性は折点角周波数の 1/5 と 5 倍で近似せよ．また，各 K 値のときの位相余裕，ゲイン交差角周波数を求めよ．さらに，これらの読取り値からステップ応答の概形を描け．

問 9・2 図 9・6 のボード線図について，問 9・1 と同様に直線近似を行い，位相余裕を 67.5, 45, 22.5° にする K の値を求めよ．また，それらの K 値での ω_{cg} を読み取り，ステップ応答と比較せよ．

問 9・3 図 9・9 のボード線図を直線近似して描け．

問 9・4 図 9・10 のボード線図を直線近似して描け．また，位相余裕，ゲイン交差角周波数を求め，コンピュータ計算の結果と比較し，およそどれくらいの精度で位相，ゲイン交差角周波数が求まるか考察せよ．

問 9・5 図 9・13 のボード線図を直線近似して描け．

問 9・6 図 9・14 のボード線図を直線近似して描け．

問 9・7 図 9・15 のボード線図を直線近似して描け．

問 9・8 図 9・18，図 9・19 の PD 制御のみのボード線図を直線近似して描け．さらに，このときの位相余裕，ゲイン交差角周波数を求めよ．

問 9・9 図 9・18 の PID コントローラのボード線図を直線近似して描け．

問 9・10 図 9・19 の PID コントローラのボード線図を直線近似して描け．

問 9・11 図 9・20 のステップ応答をコンピュータシミュレーションにより描け．この際，ω_{dl} の値を 1 付近で変え，さらに $\omega_{dh}=30\,\omega_{dl}$ として応答を観察せよ．

10章　制御系の実装

　これまでの章で学んだ知識を用いれば，制御システムの設計を行うことができる．つまり，設計図（伝達関数あるいはブロック線図）を描けるようになったのである．あとは，この図面に従って実際に制御システムを製作すればよい．制御系の場合は，電気・電子回路，あるいはディジタルコンピュータ上のソフトウェアの形で実装される．本章では，設計した制御システムをどのように回路やソフトウェアの形として実現すればよいか，その方法について学び，実物をつくれるようになることを目標とする．

10・1　アナログ回路を用いた方法

　制御系を構成する一つの方法は，アナログ回路による実現である．これまで学んできたように，補償の方法（制御方法）にはいろいろあるが，古典制御と呼ばれるものの中で現在でも広く用いられているのは，位相進み・位相遅れ補償を用いた**直列補償**，あるいは **PID 調節器**による方法である．しかも
① 　ゲイン補償は比例制御（P 動作）
② 　位相遅れ補償は積分制御（I 動作）
③ 　位相進み補償は比例制御（D 動作）
と呼ばれることがある．①，②，③それぞれの伝達関数がすでに求まっているので，これと同じ伝達関数を持つ回路を構成すればよい．また，①，②，③は，必要なものだけをいろいろ組み合わせて，例えば P 動作，PI 動作，PD 動作の形で用いられることもある．
　ここでは，基本的な構成について述べるに留める．実現するには，さらに詳細な回路設計が必要であるが，これについては回路設計の専門書を参照されたい．

10・1・1　基礎知識

　今まで見てきたように，制御系にはさまざまな種類の補償が存在するが，その中で常に存在するのは，ゲイン要素である．この要素を実現するためには，オペアンプやトランジスタがよく使われるので，ここではそれらの概要について説明する．

（a）　演算増幅器

　演算増幅器は，オペアンプとも呼ばれる．オペアンプには入力ラインが2本あり，それぞれ非反転入力（IN^+），反転入力（IN^-）と呼ばれている．出力ライン（OUT）は1本であり，反転入力と非反転入力間の電圧を増幅した電圧が出力され

る．オペアンプ単体には電力を供給する必要があり，一般的には±15 V を供給する（±15 V は回路図では省略されることが多い）．

オペアンプの使い方には，①非反転増幅回路，②反転増幅回路，③差動増幅回路の3通りがあり，それぞれの増幅率は以下のようになる．

① **非反転増幅回路**：IN^- 側を接地することで，入力に対して位相が同相で出力される特性を持つ．外付け抵抗を R_f, R_s とすると，入出力関係は式(10・1)のようになる．

$$V_{\text{OUT}} = \frac{R_2 + R_1}{R_1} V_{\text{IN}} \tag{10・1}$$

② **反転増幅回路**：IN^+ 側を接地することで，入力に対して位相が逆相で出力される特性を持つ．入出力関係は式(10・2)のようになる．

$$V_{\text{OUT}} = -\frac{R_2}{R_1} V_{\text{IN}} \tag{10・2}$$

③ **差動増幅回路**：二つの入力 V_1 と V_2 の差を増幅するもので，ノイズが相殺されるメリットを持っている．入出力関係は式(10・3)のようになる．

$$V_{\text{OUT}} = \frac{R_2}{R_1}(V_1 - V_2) = \frac{R_2}{R_1} V_{\text{IN}} \tag{10・3}$$

各式における抵抗値の比が，ゲインに相当する．

(b) **トランジスタ**

トランジスタも増幅器という点ではオペアンプと同じであるが，種類が豊富で使いやすい．トランジスタは，ベース(B)に加える電圧を適当なものにすると，コレクタ(C)とエミッタ(E)間に流れる電流を増幅することができる．

トランジスタを使った代表的な増幅回路にはエミッタ接地があり，増幅率は以下のようになる．

外付け抵抗をエミッタ抵抗 R_E，コレクタ抵抗 R_C とすると，入出力関係は

$$V_{\text{OUT}} = -\frac{R_C}{r_e + R_E} V_{\text{IN}} \tag{10・4}$$

ただし，$r_e = 26 \,[\text{mV}]/I_E$（26 mV は物理的に決まった値）である．$I_E$ はエミッタ電流であり，適当に与える．

この増幅器は，簡単に大きなゲインが得られる反面，増幅された信号が逆相でコレクタに現れ，周波数特性は他の接地方法に比べて悪くなる．ちなみに，ゲインを A_v とすると，カットオフ周波数は $1/A_v$ となってしまう．

10・1・2 実装例（アナログ回路）

次に，具体的な回路の例をいくつか示す．

(a) **RC 回路による補償回路の実現**

位相進み・遅れ補償を組み込んだシステムのブロック線図は，図 10・1 のようになる．ここで，ゲイン要素は，例えばオペアンプやトランジスタを用いたアンプにより実現される．位相進み要素は，図 10・2 のような RC の組合せで実現される．このときの伝達関数は

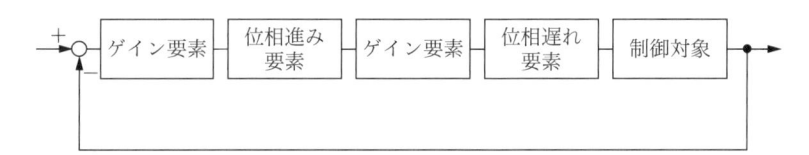

図 10・1　補償回路を加えたサーボ系のブロック線図

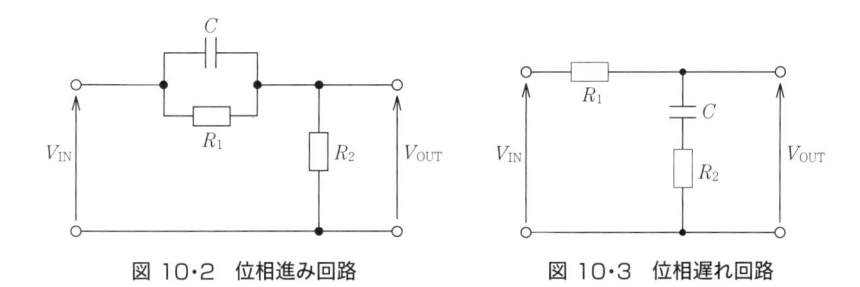

図 10・2　位相進み回路

図 10・3　位相遅れ回路

$$G_C = \frac{R_2}{R_1+R_2} \cdot \frac{1+R_1Cs}{1+\dfrac{R_2}{R_1+R_2}R_1Cs} \tag{10・5}$$

となる．

さらに，位相遅れ要素については**図 10・3**の回路で実現される．このときの伝達関数は

$$G_C = \frac{1+R_2Cs}{1+\dfrac{R_1+R_2}{R_2}R_2Cs} \tag{10・6}$$

となる．

（b）　オペアンプによる補償回路の実現

図 10・1 のブロック線図に対しては，オペアンプでも実現できる．ゲイン要素は，オペアンプやトランジスタを用いる．一方，位相進み要素や位相遅れ要素は**図 10・4**のようにオペアンプを 2 個組み合わせることで実現される．

この場合の伝達関数は

$$G_C = \frac{R_2}{R_1} \cdot \frac{R_1Cs+1}{R_2Cs+1} \tag{10・7}$$

となる．ここで，抵抗 R_1 と R_2 について，$R_1 > R_2$ ならば位相進み，$R_1 < R_2$ なら

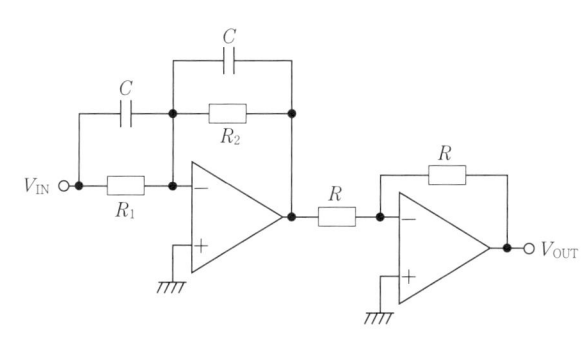

図 10・4　位相進み遅れ回路

ば位相遅れとなる．

（c）モータ速度制御用コントローラ

産業用ロボットなどのメカトロ機器の制御においては，モータ（AC, DC, パルスなどの各種モータ）の正確な速度コントロールが必要になることが多い．そこで，フィードバック制御による速度制御を実現する専用のコントローラが数多く市販されている．図10・5に速度/位置ループサーボドライバを2個組み込んだ制御装置の製作例を示すので，ハードウェアのイメージをつかんでほしい．

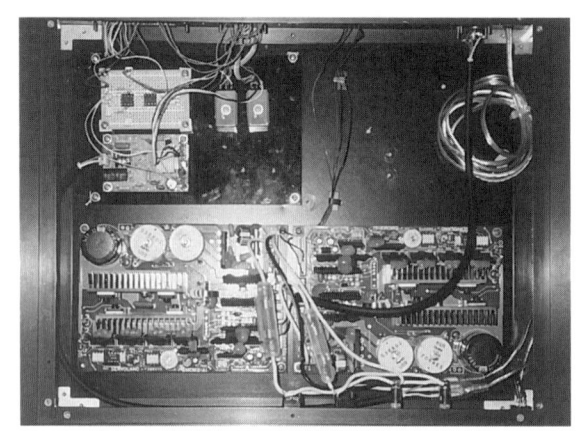

図10・5 モータ用速度位置制御装置の製作例

（d）プロセスコントローラ

PID調節器は，もともとプロセス制御系の分野で使われていたものである．そこで，プロセス制御用のPIDコントローラもさまざまなものが市販されている．

10・2 ディジタルコンピュータを用いた方法

これまでは，アナログ回路によるコントローラの例を見てきたが，いずれの回路もパラメータ調整は抵抗値などを調整することになり，きめ細かな調整が難しい．そこで，近年発達のめざましいディジタルコンピュータ（アナログコンピュータも存在するが，以後，ディジタルのほうを単にコンピュータと呼ぶ）を用いる方法が利用されるようになってきた．

10・2・1 基礎知識

（a）制御用コンピュータ

制御で用いられるコンピュータは，基本的には一般に用いられているノート形パソコンと同じものである．しかし，その仕事はワープロやインターネットではなく，純粋に数値計算である．

一口にコンピュータといっても，天気予報に使うようなスーパーコンピュータから，炊飯器に入っている1チップマイコンまで多くの種類がある．もちろん，炊飯

> **Note**
> 産業用ロボットなどに使われるモータは，特にサーボモータと呼ばれる．原理そのものは普通のモータと同じであるが，正確な速度コントロールができるように磁気回路を検討し，応答性を高くしている．

> **Note**
> ディジタル信号処理はアナログ処理に比べて，複雑な処理が可能，精度が高い，性能が環境に左右されず安定，集積化による実装が容易といった多くのメリットがあるため，最近の制御では必要な要素技術である．

10・2 ディジタルコンピュータを用いた方法

```
        ┌─────────────┐
        │   制御対象    │
        │ (アナログ処理) │
        └──┬───────▲──┘
           │       │
           ▼       │
    ┌──────────┐ ┌──────────┐
    │インタフェース2│ │インタフェース1│
    └──────▲───┘ └───┬──────┘
           │         │
           │         ▼
        ┌─────────────┐
        │  コンピュータ  │
        │ (ディジタル処理)│
        └─────────────┘
```

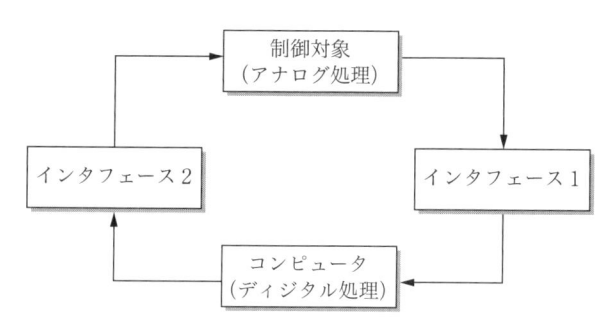

図 10・6　コンピュータによる制御システム

器をスーパーコンピュータで運転することは可能であるが，逆に高性能すぎることは一目瞭然であり，それぞれの制御対象の規模に合わせてコンピュータが選択される．

さて，基本的にコンピュータによる制御は，ディジタル制御ということになる．すると，**図 10・6** に示すように，アナログ量で動く制御対象をディジタルのコンピュータで制御することになる．したがって，図に示しているように，制御対象とコンピュータを結ぶ二つのインタフェースが必要になる．

（b）入力用インタフェース

図 10・6 のうち，インタフェース 1 は，制御対象からの信号をコンピュータに取り込むために必要なインタフェースである．ここに属するものとして，まずアナログ/ディジタル変換器（A/D 変換器）がある．A/D 変換器は，簡単にいえば，電気的なスイッチ（サンプラ）と A/D 変換器で構成されており，ある瞬間スイッチが入ったときだけ信号が通過し，変換器でディジタル量に変換されて（例えば 16 ビットなら，16 本の信号線を用意して，電気を流す線（オン）と，流さない線（オフ）に振り分ける），コンピュータへ入力される．スイッチのオン・オフは A/D 変換器に付随している時計や外部からの信号によって，ある時間間隔ごとに切り換えられるのが普通である．このタイミングを**サンプリング周期**と呼ぶ．

このように，アナログ量を時間的に不連続な，定まった周期 T で値を持つ量に変換しなければならないのは，コンピュータが一時に一つの演算しかできないからである．そして，ある時刻のデータを用いた計算が，データを受け取って T 秒後に完了してからでないと，次の時刻のデータを受け付けることができない．したがって，サンプリング周期は長く取るほどコンピュータにとっては余裕が出てくる．しかし，制御対象からすると，例えば 1 時間に 1 回しか計算をしてくれないのであれば，その間に目標値を通り過ぎてしまうであろう．したがって，このサンプリング周波数は重要である．

これに対しては，次のような指針に従えばよい．

> 【シャノンのサンプリング定理】
> 制御系のサンプリング周波数は，センサの波形に含まれる周波数の最高周波数 f_m に対して $2f_m$ 以上に選べばよい．

Note
サンプリング定理は，おどろくべき内容を含んでいる．つまり，連続波形からサンプリング周波数 $2f_m$ で取った離散的な時点における標本値から，元の連続波形が正確に再現できることを示している．

例えば、ロボットの位置制御系に対しては1kHz程度となる．これは同時に、制御のための1サイクルの計算をこの周期で処理できるほどの能力が、コンピュータのCPUに課せられることになる．

制御対象から出てくる信号は、アナログ量に限ったものではなく、センサ自体がディジタル量を出力したり、オン・オフの二つの状態量である場合もある．このときは、変換せずにダイレクトに入力できるので、ディジタルインプット（Digital Input ; DI）用のインタフェースを用意すればよい．

（c） 出力用インタフェース

コンピュータで計算された制御量を制御対象に出力するために必要なものが、図10·6のインタフェース2の部分である．ここに属するものとして、まず先ほどとは逆の、ディジタル/アナログ（D/A）変換器がある．D/A変換器は、簡単にいえばD/A変換器と零次ホールド回路で構成されている．コンピュータからはサンプリング時間ごとに、とびとびにディジタル量が出力される．したがって、まずディジタル量を変換器でアナログ量に変換した後、零次ホールド回路で次の値が出力されるまで現在の値を持続する．こうすることで、階段状にはなるが、連続のアナログ量が制御対象に出力される．

また、制御対象はアナログ量だけでなく、オン・オフのディジタル量によって駆動される部分もある．このときは、ディジタルアウトプット（Digital Output ; DO）用のインタフェースを用意すればよい．

（d） ソフトウェア

コンピュータを動かすには、プログラムが必要である．例えば、われわれがワープロソフトを使うとき、そのアイコンをクリックすると、ワープロ用のプログラムが動き出して、画面に現れる．

制御は、基本的にセンサのデータを取り込み、制御則に基づいて指令値を計算し、制御対象に出力するという一連の計算を行う．そして、この計算を繰返し何回も行う．あるいはサンプリング時間ごとに呼び出して（割込み処理）計算を行うことにより、制御対象をコントロールする．**図10·7**に制御プログラムのフローチャートの例を示す．

この一連の計算は、プログラム上に記述される．まず、データの取込み部分は、いくつものセンサの中からあるセンサを指定し（アドレス指定）、データを送るよう命令を出して、送られた16進データを10進に変換し、変数に格納する処理である．ビット操作が必要となり、プログラミングが面倒なものとなるが、市販品のA/Dボードなどを購入した場合はあらかじめサンプルプログラムが付いているので利用できる．次に、制御則の計算は、例えばPID制御ならば

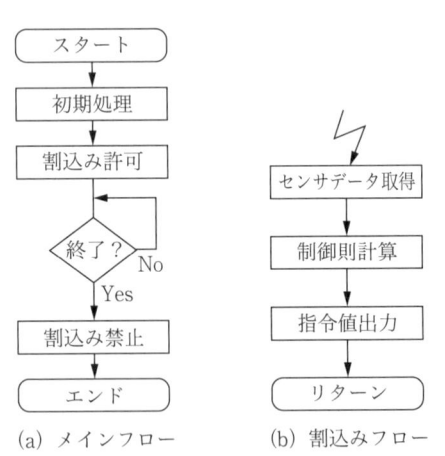

図10·7 割込みを用いた制御フローチャート
(a) メインフロー (b) 割込みフロー

> **Note**
> これまでに紹介した入出力用のインタフェース回路は、もちろん自作することも可能であるが、いろいろな機能を備えた市販品も数多く出回っている．

$$u(n) = a(\theta_m(n) - \theta(n)) - b\dot{\theta}(n) + c\sum_{i=0}^{n}(\theta_m(i) - \theta(i)) \tag{10・8}$$

という計算式で，スタートから n 回目のサンプリング時の制御量が計算される．ただし，$\theta_m(n)$ は目標値，$\dot{\theta}(n)$ は n 回目のサンプリング時の速度を表している．最後に，データの出力は，いくつものアクチュエータなどの出力先から，あるアクチュエータを指定して（アドレス指定），データを 10 進から 16 進に変換し，出力するだけでよい．この部分についても，市販品の D/A ボードなどを購入した場合はサンプルプログラムが利用できる．

プログラム用の言語には，いろいろな種類があるが，入出力時にビット操作が必要なため，一般的には高級言語の C 言語系や BASIC 系が使われることが多い．このような言語で記述した後，コンパイルしてアセンブラに変換し，コンピュータに実装するわけである．したがって，ダイレクトにアセンブラでプログラミングすることも可能である．アセンブラに変換されたプログラムは，1 チップマイコンでは ROM などのメモリに焼かれ，スイッチが入ると同時に起動する．しかし，制御系のパラメータも一緒に ROM に収納されるため，変更が容易ではなく，制御系の調整作業がしにくいので，最終の製品の段階でこのような形となる．

一方，制御用コンピュータにパソコンを用いる場合は，オペレーションソフトウェア（OS）の管理のもとにプログラムを走らせる．このようにすれば，キーボード入力でプログラム上のパラメータを自由に変更することや，制御対象が動作しているときの状態を画面上でモニタリングすることも可能となる．OS にもいろいろな種類があるが，サンプリング時間ごとに割込みをかけて制御計算を処理するリアルタイム処理の機能が必要になるため，Windows 系や，最近では Linux 系が使われることが多い．このような割込み処理も含めて，プログラムを自作することはなかなか難しいので，市販のソフトを利用するのも一つの方法である．

10・2・2　実装例（ディジタルコンピュータ）

次に，実際の制御システムの例を紹介する．

ここでは，ロボットの例を取り上げる．まず図 10・8 は，感情表現のできる移動タイプのロボットである．このロボットには，マイクや超音波センサ，赤外線センサ，タッチセンサなどが搭載されており，ロボットは車輪により移動することで，内外のさまざまな情報を取り込む．この情報が，コンピュータ内の感情を生成するモデルに取り込まれ，そのときの状況に応じて，人間のようにさまざまな感情とそれに対応した動きが生成される．制御にかかわるさまざまな処理は，搭載されているコンピュータを中心に行われる．

このシステムは，これまで見てきたようにアナログやディジタルのセンサ信号をコンピュータに取り込むための A/D，DI ボード，ボードコンピュータ，各駆動部に指令を送る D/A，DO ボード，駆動部を動かすための駆動回路，バッテリーなどが必要であり，図 10・9 のようにそれらが体内のラックの中に収納されている．

他の例として，ロボットを動かす制御系は，次のプログラム例のような形でコンピュータのソフトウェアに組み込まれている．このプログラムのロボットシステム

Note

マスタ・スレーブ形ロボットは，遠隔操作形ロボットとも呼ばれている．一方，人間が操作しなくても自分で判断して動けるロボットは，自律形ロボットと呼ばれる．実用の面では，まだ遠隔操作形が主流であり，完全自律形ロボットの実用化がロボット開発の最終ゴールである．

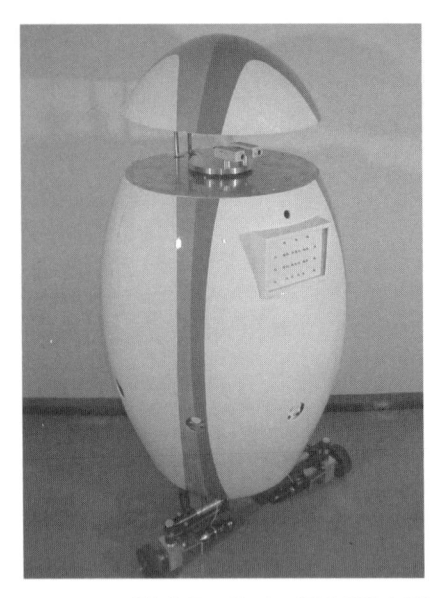

図 10・8　感情表現ロボット（関東学院大学） 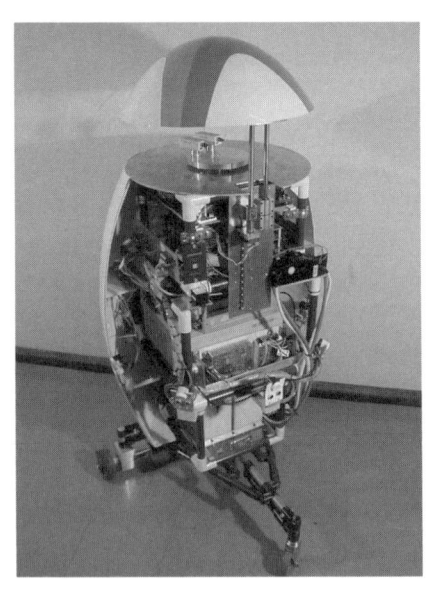　　図 10・9　感情表現ロボットの内部

は，マスタ・スレーブ形ロボットの例であり，同じ形の腕形ロボットを2本用意し，一方を人間がつかんで動かすと，他方がそれと同じ動きをするロボットである．

このプログラムは，QUICK C を用いて単純に各処理を羅列した構成になっている．センサの信号を読み込んで，制御系の計算を行い，結果をロボットに出力する一連の処理が，5 ms ごとに A/D 変換ボードに搭載されたタイマからの割込みがかかるとメインの処理からはずれ，実行されるようになっている（割込みハンドラ内の処理）．このようなプログラムは，C++などを用いて構造化することで，もっとすっきりした形にすることもできる．

コントローラの実装としては，このような移動ロボットのほか，家電製品（クーラー，電子レンジ，炊飯器，洗濯機など），車の燃料噴射装置や ABS（Anti-lock Braking System），飛行機や船のオートパイロットなどのように制御対象に組み込まれるものと，産業用ロボットやプラント（製鉄，食品，化学），などのように別構成のものの二つのタイプに分けられる．

また，実装にあたってはさまざまなセンサを使って情報を得る必要があるが，詳細については実装の専門書を参照されたい．

10・2 ディジタルコンピュータを用いた方法

【ロボット制御プログラム例】

```
/************************************************************
 *     M S S - T Y P E 0 0 - 2                              *
 *       C言語（Q C）による                                 *
 *       サンプルプログラム                                 *
 ************************************************************/

#include <stdio.h>
#include <conio.h>
#include <dos.h>

unsigned    port = 0x01e0;          /*ＤＡ設定ポートアドレス＝０１Ｅ０Ｈ*/

void        initialize(void);                    /* ＡＤ初期化処理 */
void        chgvect(void);                       /* 割込みベクタの変更 */
void        sampling(void);                      /* 変換データの入力 */
void        resvect(void);                       /* 割込みベクタの復旧 */
void        _interrupt _far inthandler(void);    /* 割込みハンドラ */
void        (_interrupt _far * orgvect)(void);   /* オリジナル割込みベクタ */

#define     ADR     0x01d0                       /* ＡＤ－Ｉ/Оアドレス */
#define     CHL     32                           /* 入力チャネル数 */
#define     SCAN    100                          /* スキャン回数 */

#define     cursor(SW)  printf("\x1b[>5%c",SW ? 'l' : 'h')    /* カーソル表示、消去 */

volatile    int     intcnt = 0;                  /* 割込み回数カウンタ */
volatile    int     errsts = 0;                  /* エラーステータス */

volatile    int     adat[CHL][10];               /* 変換データ格納用配列*/
            int     orgimr;                      /* オリジナルIMR */
unsigned    int     gcm=0x80|0x00;               /* gain command */

            int     ch,end_ch=15,renge,code,gain=1,mode,i=0,j=0,k=0,dt,shori=0,chan;
            int     result,d_mode=0,a_data=0;

            char    *str,ans1,ans2;

            float   ret[32],vol[2][18],vdat,am=3.0,as=0.5,bm=800.0,bs=0;
            float   a,b,c,v_m[4],v_s[4],deg_m[4][11],deg_s[4][11],sa[4];
            float   rado_m[2],rado_s[2],in_tm[2],in_ts[2],fm[2],fs[2];
            float   out_tm[2],out_ts[2],out_vm[2],out_vs[2];
            float   ddm1[1700],ddm2[1700],dds1[1700],dds2[1700];
            float   dtm1[1700],dtm2[1700],dts1[1700],dts2[1700];

            FILE    *fp;

main()
{
    cls();
    cursor(0);
    initialize();           /*ＡＤボードのイニシャル処理*/
    da16_init(port);        /*ＤＡボードのイニシャル処理*/

    ch = 0;                 /*ＤＡボードが挿入されているかの確認*/
        code = da16_data_r(port);
        if( code != 0x000 )
        {
            locate(12,12);
            printf("ボードが挿入されていません");
        }
        else
        {
        ok:
```

```c
    clear_disp();
    printf("OK?  YorN ");
while(!kbhit()){                                    /*データの表示*/
    for (i = 0; i < CHL; i++) {                     /* 入力チャネルの指定 */
        outp(ADR, gcm | i);                         /* 変換スタート */
        while ((inp(ADR+1) & 0x40) == 0);           /* 変換終了ステータス確認 */
        adat[i][intcnt] = inpw(ADR) & 0x0fff;
        redata();
        if (i>=0 && i<=13)
        locate(5, 2+i);
        else
        locate(45, i-12);                           /* 変換データの表示 */
        printf("%2dch       %.3Xh       % 7.3fV", i, adat[i][intcnt], vdat);
        ret[i]=vdat;
    }
}
    locate(1,21);
    ans1=getchar();
    if(ans1=='n'||ans1=='N') goto owari;
    if(ans1=='y'||ans1=='Y'){
    cls();
    chgvect();                                      /*割り込みベクタの変更*/
    while(mode!=4){                                 /*モード選択*/
    clear_disp();
    locate(0,20);
    printf("     1 : ゲイン設定¥n");
    printf("     2 : マスタスレーブモード¥n");
    printf("     3 : ファイルの作成¥n");
    printf("     4 : 終了");
    locate(0,19);
    printf("処理（1～4）を選択して下さい ");
    mode=0;
    init_disp();                                    /*初期画面表示*/
        for (ch=0;ch<=end_ch;ch++)
        {
            if(shori==0)
            {
                if(ch>=0 && ch<=7)
                {
                    renge=1;
                    code=0x800;                     /*モータストップ*/
                }
                else
                {
                    renge=0;
                    code=0x000;                     /*ブレーキオン*/
                }
                da16_renge_w(port,ch,renge);        /*初期値入力*/
                da16_data_w(port,ch,code);          /*初期値入力*/
            if(ch>=0 && ch<=1){
            locate(13,ch+3);
            ch_disp(ch);}                           /*ボードからのデータ読み出しと表示*/
            if(ch>=4 && ch<=5){
            locate(13,ch+2);
            ch_disp(ch);}
            }
        }
    locate(32,19);
    result=scanf("%d",&mode);
    if(result==0)   clear_key();
    switch(mode){
        case 1:
            chgain();
            break;
        case 2:
            mss();
```

```
                                break;
                        case 3:
                                cf();
                                break;
                        case 4:
                                cls();
                                break;
                        default:
                                break;
                }
            }
        }
        else goto ok;
        }
        for(ch=8;ch<=15;ch++){
        code=0x000;                             /*ブレーキオン*/
        da16_data_w(port,ch,code);}
        for(ch=0;ch<=7;ch++){
        code=0x800;                             /*モータストップ*/
        da16_data_w(port,ch,code);}
        resvect();                              /*割り込みベクタの復帰*/
    owari:
        locate(0,20);
        cursor(1);
        exit(0);                                /*ＭＳ－ＤＯＳへ戻る*/
}


/* ----- ＡＤ初期化処理 -------------------------------------------- */
void    initialize(void)
{
       locate(0,0);

       outp(ADR+1, 0x80);                       /* ｵｰﾙﾘｾｯﾄ */
       outp(ADR+2, 0x80);                       /* 動作ﾓｰﾄﾞ初期化 */
       outp(ADR+0xe, 0x34);                     /* ﾀｲﾏの設定(5msec)*/
       outp(ADR+8, 0x02);
       outp(ADR+8, 0x00);
       outp(ADR+0xe, 0x74);
       outp(ADR+0xa, 0x02);
       outp(ADR+0xa, 0x00);
       outp(ADR+0xe, 0xB4);
       outp(ADR+0xc, 0x88);
       outp(ADR+0xc, 0x13);
       dt=5;
       outp(ADR+1, 0x01);                       /* ﾄﾘｶﾞ入力ｽﾃｰﾀｽﾘｾｯﾄ */
       return;
}


/*************** ＤＡ－ＲＥＳＥＴ処理 *****************/

da16_init(port)
{
       outp( port + 2 , 0x80 );                 /*DAボードＲＥＳＥＴ*/
       return;
}

/* ----- 割込みﾍﾞｸﾀの変更 -------------------------------------------- */
void    chgvect(void)
{
       orgvect = _dos_getvect(0x0d);            /* ｵﾘｼﾞﾅﾙﾍﾞｸﾀの保持 */
       _disable();                              /* 割込みの禁止 */
       _dos_setvect(0x0d, inthandler);          /* 割込みﾍﾞｸﾀの変更 */
       outp(0x02, (orgimr = inp(0x02)) & 0xdf); /* IMR保持とﾏｽｸ解除 */
       outp(0x00, 0x65);                        /* ISRのｸﾘｱ */
```

```c
        _enable();                                      /* 割込みの許可 */
}


/***** 初期画面の表示 *****/

init_disp()
{
    locate(10,2);
    printf("チャネル    設定出力レンジ    出力データ  出力電圧");
    return;
}

/***** 出力チャネルデータの読み出しと表示 *****/

ch_disp(ch)
{
    float   f_code,volt;

    renge = da16_renge_r( port , ch );  /*レンジ設定データの読み出し*/
    code  = da16_data_r ( port , ch );  /*出力中のデータの読み出し*/
    f_code = code;
    switch      (renge) {
         case 0:    /*ユニポーラ     0～10Vレンジ*/
            volt = f_code * 10 / 0x1000;        /* 電圧値の計算 */
            str  = "    0～10V";
            break;
         case 1:    /*バイポーラ  －10～10Vレンジ*/
            volt = f_code * 20 / 0x1000 - 10; /* 電圧値の計算 */
            str  = "－10～10V";
            break;
    }
    printf("%2d         %14s        %03X     %7.3f", ch, str, code, volt);
    return;
}

/* ----- 変換データの入力と表示 ----------------------------------- */

void    sampling(void)
{
    do{
    intcnt=0;
    chan=ch;
    if(j>=1700){
    locate(0,18);
    printf("full data");}
    outp(ADR+2, 0x92);                          /* タイマスタート */
    if(mode==2){
    for(ch=8;ch<=13;ch++){
    if(ch==8 || ch==9 || ch==12 || ch==13){
    code=0x800;                                 /* ブレーキオフ */
    da16_data_w(port,ch,code);}}}
    do{
      }while(intcnt<SCAN);
    outp(ADR+2,0x00);                           /* タイマストップ */
    ch=chan;
    }while(!kbhit());
    j=0;
    k=0;
    return;
}

/************* ゲイン設定 ****************/
chgain()
{
```

```
        for(ch=8;ch<=15;ch++){
        code=0x000;                              /*ブレーキオン*/
        da16_data_w(port,ch,code);}
        for(ch=0;ch<=7;ch++){
        code=0x800;                              /*モータストップ*/
        da16_data_w(port,ch,code);}
        gain_1:
                gcm=0x80|0x00;
                clear_disp();
                locate(0,20);
                printf("am,bm?");
                locate(0,21);
                printf("am=");
                result=scanf("%f",&am);
                if(result==0) clear_key();
                locate(0,22);
                printf("bm=");
                result=scanf("%f",&bm);
                if(result==0) clear_key();
                locate(14,16);
                printf("am=%9.3f      bm=%9.3f",am,bm);
                clear_disp();
                locate(0,20);
                printf("as,bs?");
                locate(0,21);
                printf("as=");
                result=scanf("%f",&as);
                if(result==0) clear_key();
                locate(0,22);
                printf("bs=");
                result=scanf("%f",&bs);
                if(result==0) clear_key();
                locate(14,17);
                printf("as=%9.3f      bs=%9.3f",as,bs);
 intcnt=0;
 k=0;
 return;
}
/**************MSSモード******************/
mss()
{
    data:
        clear_disp();
        locate(0,20);
        printf("データを取りますか?  Y o r N\n");
        sampling();
        locate(0,21);
        ans2=getchar();
        if(ans2=='n'||ans2=='N') d_mode=0;
        else{
        if(ans2=='y'||ans2=='Y'){
        d_mode=1;
        a_data=1;
        locate(0,18);
        cline();}
        else goto data;
        }
        shori=0;
        while (shori != 2) {
            for (ch=0;ch<=end_ch;ch++)
            {
                if(ch>=0 && ch<=1){
                locate(13,ch+3);
                ch_disp(ch);}      /*ボードからのデータ読み出しと表示*/
            }
        clear_disp();          /*キー入力表示部の消去*/
```

```
                locate(0,21);
                printf("    1：出力データの変更\n");
                printf("    2：終  了");
                locate(0,20);
                printf("処理（1～2）を選択して下さい ");
                sampling();
                locate(32,20);
                result = scanf("%d",&shori);
                if (result == 0)    clear_key();
                switch (shori) {
                        case 1:
                                data_set();
                                break;
                        default:
                                break;
                }
        }
    return;
}

/***** 出力データの変更 *****/

data_set()
{
    while(ch!=1000){
data_set_1:
    clear_disp();
    printf("チャネル番号（0、1）を入力して下さい\n");
    printf("  1000を入力すると終了");
    sampling();
    locate(3,22);
    result = scanf ("%d",&ch);
    if (result == 0)    clear_key();
    if ((ch < 0) | ( ch > 1 ) && (ch!=1000))  goto data_set_1;
    if(ch==1000) goto end;
data_set_2:
    clear_disp();
    locate(0,20);
    printf("出力データ（000～FFF）を入力して下さい ");
    sampling();
    locate(46,20);
    result = scanf ("%x",&code);
    if (result == 0)    clear_key();
    if ((code < 0x000) | ( code > 0xfff ))   goto data_set_2;
    da16_data_w(port,ch,code);     /*出力データの書き込み*/
    locate(13,ch+3);
    ch_disp(ch);
    }
    end:
    return;
}

/********** ファイルの作成 *************/
cf()
{
 if(a_data==0){
    locate(0,18);
    printf("データがありません");}
    else{
    fp=fopen("MSS_D_T.DAT","w");
    if(fp==NULL){
    locate(0,18);
    printf("ファイルは作成できません\n");
    exit(1);}
    for(j=0;j<1700;j++){
    fprintf(fp,"%5d (dm1%7.3fdeg) (dm2%7.3fdeg) (ds1%7.3fdeg) (ds2%7.3fdeg)\n",
```

```
            j+1,ddm1[j],ddm2[j],dds1[j],dds2[j]);
    fprintf(fp,"         (tm1%7.3fkgm)  (tm2%7.3fkgm)  (ts1%7.3fkgm)  (ts2%7.3fkgm)\n",
            dtm1[j],dtm2[j],dts1[j],dts2[j]);
    }
    fclose(fp);
    j=0;
    }
    return;
}

/* ------ 割込みﾍﾞｸﾀの復旧 ---------------------------------------------- */
void    resvect(void)
{
    _disable();                                      /* 割込みの禁止 */
    outp(0x02, orgimr);                              /* ｵﾘｼﾞﾅﾙIMRの復旧 */
    _dos_setvect(0x0d, orgvect);                     /* ｵﾘｼﾞﾅﾙﾍﾞｸﾀの復旧 */
    _enable();                                       /* 割込みの許可 */
    return;
}

/* ----- 割込みﾊﾝﾄﾞﾗ --------------------------------------------------- */
void    _interrupt _far inthandler(void)
{
    _enable();                                       /* 割込みの許可 */
    for(i=0;i<CHL;i++){
    if(i==0 || i==1 || i==7 || i==8 || i==14 || i==15 || i==23 || i==24){
    outp(ADR,gcm_|i);
    while((inp(ADR+1)&0x40)==0);
        adat[i][intcnt] = inpw(ADR) & 0x0fff;        /* 変換ﾃﾞｰﾀの入力 */
        if ((inp(ADR+1) & 0x20) != 0) {              /* ｴﾗｰの確認 */
            errsts = 1;                              /* ｴﾗｰｽﾃｰﾀｽのｾｯﾄ */
            outp(ADR+2, 0x00);                       /* ﾀｲﾏｽﾄｯﾌﾟ */
        }
    outp(ADR+1, 0x01);                               /* ﾄﾘｶﾞ入力ｽﾃｰﾀｽﾘｾｯﾄ */
        redata();
        if (i>=0 && i<=13) {
        vol[0][i]=vdat;
        }
        else {
        vol[1][i-14]=vdat;
         }
    }}
    locate(0,20);
    if(errsts!=0)
        printf("sampling error !");
    degree_1();
    torque();
    if(k!=0)
    rad_1();
    if(mode==2) out_data();
    if(d_mode==1 && j<1700){
    ddm1[j]=deg_m[0][k];
    ddm2[j]=deg_m[1][k];
    dds1[j]=deg_s[0][k];
    dds2[j]=deg_s[1][k];
    dtm1[j]=in_tm[0];
    dtm2[j]=in_tm[1];
    dts1[j]=in_ts[0];
    dts2[j]=in_ts[1];
    j++;}
    outp(0x00, 0x20);                                /* 割込み終了処理 */
    intcnt++;
    k++;
    if(k==11){
    for(i=0;i<=1;i++){
    deg_m[i][0]=deg_m[i][10];
```

```c
    deg_s[i][0]=deg_s[i][10];
    }
    k=1;
    }
    return;
}
/************ 軸の角度 ****************/
degree_1()
{
a=vol[0][0]+vol[0][1];                    /* 軸の角度に変換 */
v_m[0]=vol[0][0]-a/2;
v_m[1]=a/2;
deg_m[0][k]=90/6*v_m[0];
deg_m[1][k]=-90/6*v_m[1];
b=vol[1][0]+vol[1][1];
v_s[0]=vol[1][0]-b/2;
v_s[1]=b/2;
deg_s[0][k]=-90/2.5*v_s[0];
deg_s[1][k]=-90/2.5*v_s[1];
for (i=0;i<=1;i++){
sa[i]=deg_m[i][k]-deg_s[i][k];
}
return;
}


/*********** 軸トルク ************/
torque()
{
 in_tm[0]=0.2778*(vol[0][7]-ret[7]);                /* 軸トルクに変換 */
 in_tm[1]=0.2339*(vol[0][8]-ret[8]);
 in_ts[0]=-0.4173*(vol[1][9]-ret[23]);
 in_ts[1]=0.3535*(vol[1][10]-ret[24]);
 fm[0]=in_tm[0]/0.190;                              /* 力に変換 */
 fm[1]=in_tm[1]/0.190;
 fs[0]=in_ts[0]/0.390;
 fs[1]=in_ts[1]/0.390;
 return;
 }


/**************** 平均速度 ******************/
rad_1()
{
for(i=0;i<=1;i++){
rado_m[i]=(deg_m[i][k]-deg_m[i][k-1])*3.141592/180/dt;   /* 平均速度の計算 */
rado_s[i]=(deg_s[i][k]-deg_s[i][k-1])*3.141562/180/dt;
}
return;
}


/***************** モータ指令値計算 ****************/
out_data()
{
 for(i=0;i<=1;i++){
 out_tm[i]=am*(fs[i])-bm*rado_m[i];
 out_ts[i]=as*sa[i]-bs*rado_s[i];}
 out_vm[0]=-out_tm[0]-out_tm[1];
 out_vm[1]=out_tm[0]-out_tm[1];
 out_vs[0]=-out_ts[0]-out_ts[1];
 out_vs[1]=out_ts[0]-out_ts[1];
 for(i=0;i<=1;i++){
 code=(out_vm[i]+10)/20*0x1000;
 ch=i;
 if((code<0x000) | (code>0xfff)){
 if(code<0x000) code=0x000;
 if(code>0xfff) code=0xfff;}
 da16_data_w(port,ch,code);
```

```
            code=(out_vs[i]+10)/20*0x1000;
            ch=i+4;
            if((code<0x000) | (code>0xfff)){
            if(code<0x000) code=0x000;
            if(code>0xfff) code=0xfff;}
            da16_data_w(port,ch,code);
            }
            return;
}
/*********** 入力データの修正 *************/
redata()
{
        switch(i){
            case 14:
                adat[i][intcnt]=adat[i][intcnt]-0x107;    /* 変換データの入力 */
                break;
            case 15:
                adat[i][intcnt]=adat[i][intcnt]-0x13a;
                break;
            case 16:
                adat[i][intcnt]=adat[i][intcnt]+0x038;
                break;
            case 17:
                adat[i][intcnt]=adat[i][intcnt]-0x004;
                break;
            case 18:
                adat[i][intcnt]=adat[i][intcnt]-0x007;
                break;
            case 19:
                adat[i][intcnt]=adat[i][intcnt]-0x06e;
                break;
            case 20:
                adat[i][intcnt]=adat[i][intcnt]+0x3d3;
                break;
            case 21:
                adat[i][intcnt]=adat[i][intcnt]+0x3a3;
                break;
            case 22:
                adat[i][intcnt]=adat[i][intcnt]-0x002;
                break;
                }
        vdat = ((float)adat[i][intcnt]*20/4096-10)/gain;    /* 電圧データに換算 */
  return;
}

/************* レンジ設定データの書き込み処理 ****************/

da16_renge_w(port,ch,renge)
{
    int             renge_bit;
    unsigned char   ah,mask;

    switch(renge){
            case 0:    /*ユニポーラ      0～10Vレンジ*/
                renge_bit = 0x00;
                break;
            case 1:    /*バイポーラ    －10～10Vレンジ*/
                renge_bit = 0x88;
                break;
            default:
                return;
                break;
            }
    outp( port + 4 , 0x03 );            /*データ読み出しモードの設定*/
    outp( port + 0 , ( ch & 0x0c ));    /*データを読み出すＤＡＣの指定*/
    outp( port + 4 , 0x02 );            /*レンジ設定モードの設定*/
```

```c
        ah = inp( port+1 );                /*レンジ設定データの入力*/
                    /*指定チャネルのビットのみをリセットする為のパターン作成*/
        mask = 0xff ^ ( 0x88 >> ( ch & 0x03 ));
                    /*指定チャネルのビットをセット*/
        ah = ( ah & mask ) | ( renge_bit >> ( ch & 0x03 ));
        outp( port+1 , ah );               /*レンジ設定データの書き込み*/
        outp( port+0 , ( ch & 0x0c ));     /*データを書き込むＤＡＣの指定*/
        return;
}

/************ レンジ設定データの読み出し処理 **************/

da16_renge_r(port,ch)
{
        unsigned char    ah,mask;

        outp( port + 4 , 0x03 );           /*データ読み出しモードの設定*/
        outp( port + 0 , ( ch & 0x0c ));   /*データを読み出すＤＡＣの指定*/
        outp( port + 4 , 0x02 );           /*レンジ設定モードの設定*/
        ah = inp( port+1 );                /*レンジ設定データの入力*/
                    /*指定チャネルのビットのみを残す為のパターン作成*/
        mask = ( 0x88 >> ( ch & 0x03 ));
                    /*レンジのデータを見るための調整*/
           ah = (ah & mask) << ( ch & 0x03 );
        switch(ah){
              case 0X00: /*ユニポーラ     ０～１０Ｖレンジ*/
                       renge = 0;
                       break;
              case 0x88: /*バイポーラ    －１０～１０Ｖレンジ*/
                       renge = 1;
                       break;
              default:  /*その他*/
                       renge = 2;
                       break;
                }
        return ( renge );
}

/************** 出力データの書き込み処理 *****************/

da16_data_w(port,ch,code)
{
        unsigned char    al,ah;
        ah = (code & 0xff0) / 0x10;        /*出力データの計算（上位）*/
        al = (code & 0x00f) * 0x10 + ch;   /*                 （下位）*/
        outp( port + 4 , 0x00 );           /*トランスペアレントモードの設定*/
        outp( port + 1 , ah );             /*出力データの書き込み（上位）*/
        outp( port + 0 , al );             /*                       （下位）*/
        return;
}

/************** 出力中のデータの読み出し処理 ****************/

da16_data_r(port,code)
{
        unsigned char    al,ah;
        outp( port + 4 , 0x03 );           /*データ読み出しモードの設定*/
        outp( port + 0 , ch );             /*読み出すチャネルの指定*/
        ah = inp( port + 1 );              /*出力中のデータ読み出し（上位）*/
        al = inp( port );                  /*                        （下位）*/
        code = ah * 0x10 + (al & 0xf0)/0x10; /*出力中のデータ計算*/
        return ( code );
}
```

```
/***** キー入力表示部の消去 *****/

clear_disp()
{
    locate ( 0,19);
     cline();
    locate ( 0,20);
     cline();
    locate ( 0,21);
     cline();
    locate ( 0,22);
     cline();
    locate ( 0,23);
     cline();
    locate ( 0,20);
    return;
}

/***** キー入力バッファのクリア *****/

clear_key()
{
    char buff[82];

    result = scanf("%s",buff);
    return;
}

/***** 画面表示サブルーチン *****/

/* カーソル位置指定 */

locate(x,y)
int x,y;
{
    printf("\033[%d;%dH",y+1,x+1);   /* ESC[Y,XH */
}

/* 画面消去 */

cls()
{
    printf("\033[2J");   /* ESC[2J */
}

/* カーソル後の1ライン消去 */

cline()
{
    printf("\033[0K");   /* ESC[0K */
}
/* ------------------------------------------------ End of file -------- */
```

> ## PID 制御
>
> 　現在でも広く利用されている PID 制御は，フィードバック制御の代表格である．この働きを機械で考えると，P はばねによる復元力，D はダンパによる摩擦力，I は重さを支える力と言える．ばねを引っ張ったところがスタート位置，ばねが元の長さに戻ったところが最終位置である．昔のおもちゃで，動力がぜんまいのものは，これに当てはまる．やがて，ぜんまいの力がモータなどにとって代わり，ぜんまいの働きそのものはコンピュータの中に入ってしまった．

演習問題

問 10・1　図 10・2 の位相進み補償に対する伝達関数の式(10・5)を導出せよ．

問 10・2　図 10・3 の位相遅れ補償に対する伝達関数の式(10・6)を導出せよ．

問 10・3　可聴域の音声信号をディジタル処理したい場合，サンプリング周波数はどのくらいにとればよいか．

問 10・4　全自動洗濯機のマイコンおよびコントローラはどこに装着されているか調べよ．

問 10・5　ABS (Anti-lock Braking System) のシステム構成について調べよ．

問 10・6　免振装置としてのアクティブ制振装置について，システム構成を調べよ．

付録1 ラプラス変換

　制御系設計には，制御対象の特性を数式で表す必要があり，例えばメカトロニクスでは運動方程式，電気回路では回路方程式であった．しかし，これは時間領域の微分方程式であり，解を求めたりするのが面倒である．できれば，代数方程式の形に変換できると，計算は四則演算だけですみ，非常に楽である．このようなことを可能にするのが，**ラプラス変換**である．

　ラプラス変換は，フーリエ変換を基本にしている．**フーリエ変換**とは，一般の無周期関数を三角関数の級数の和に展開するものである．まずはじめに，周期 T の周期関数 $x(t)$ を複素数表示を用いてフーリエ級数展開すると

$$x(t) = D_0 + \sum_{n=1}^{\infty}(D_n e^{j\frac{2\pi nt}{T}} + D_{-n} e^{-j\frac{2\pi nt}{T}}) = \sum_{n=-\infty}^{\infty} D_n e^{j\frac{2\pi nt}{T}} \tag{A1・1}$$

ただし

$$D_n = \frac{1}{T}\int_0^T x(t) e^{-j\frac{2\pi nt}{T}} dt \tag{A1・2}$$

となる．ここで

$$x_n = \frac{n}{T}, \quad \omega_n = \frac{2\pi n}{T} = 2\pi x_n, \quad \Delta\omega_n = 2\pi\Delta x_n = \omega_{n+1} - \omega_n = \frac{2\pi}{T}$$

として，$T \to \infty$ の極限を考え，D_n，ω_n，x_n，$\Delta\omega_n$，Δx_n を $X(j\omega)$，ω，x，$d\omega$，dx と書き換えると，次のようになる．

$$x(t) = \frac{1}{2\pi}\int_{-\infty}^{\infty} X(j\omega) e^{j\omega t} d\omega \tag{A1・3}$$

$$X(j\omega) = \int_{-\infty}^{\infty} x(t) e^{-j\omega t} dt \tag{A1・4}$$

ただし，これが存在するためには

$$\int_{-\infty}^{\infty} |x(t)| dt < \infty \tag{A1・5}$$

が必要である．しかし，この条件は，ステップ関数のような単純な関数でも満たさないということで，フーリエ変換は使用できる関数が限られる．

　そこで，もっとさまざまな関数を変換できるようにしたのがラプラス変換である．いま，$t<0$ で $x(t)=0$ である時間関数 $x(t)$ を考え，条件式(A1・5)に対して，関数 $x(t)$ に収束因数 $e^{-\sigma t}$ を掛けて絶対収束するようにする．つまり

$$\int_0^{\infty} |x(t)| e^{-\sigma t} dt < \infty \tag{A1・6}$$

このような $x(t)e^{-\sigma t}$ に対するフーリエ変換は，式(A1・4)より

$$X(\omega, \sigma) = \int_0^{\infty} [x(t) e^{-\sigma t}] e^{-j\omega t} dt = \int_0^{\infty} x(t) e^{-(\sigma+j\omega)t} dt \tag{A1・7}$$

となる．ここで，$s = \sigma + j\omega$ と置くと，上式は

$$X(s) = \int_0^{\infty} x(t) e^{-st} dt \tag{A1・8}$$

となる．この $X(s)$ を $x(t)$ のラプラス変換といい

$$X(s) = \mathscr{L}[x(t)] \tag{A1・9}$$

と書く．ここで，$s = \sigma + j\omega$ は複素数であり，ラプラス演算子と呼ばれている．一般に t の関数は小文字で表し，そのラプラス変換は大文字で表す．そして，このラプラス変換を用いれば，時間領域の微分方程式 $x(t)$ が，周波数領域（s の領域）の代数方程式 $X(s)$ に

変換できるのである．

しかし，ある関数のラプラス変換をいちいち式(A1・8)を使って求めていたのでは，非常に面倒である．そのため，代表的な関数をラプラス変換したものは，表の形でまとめられており，これを参照すれば簡単に利用できる．いくつかの関数に対するラプラス変換の対応表を**付表1・1**に示す．

また，これの逆の操作

$$x(t) = \mathcal{L}^{-1}[X(s)] = \frac{1}{2\pi j}\int_{\sigma-j\infty}^{\sigma+j\infty} X(s)\,e^{st}ds \qquad (\text{A}1\cdot 10)$$

を**逆ラプラス変換**と呼ぶ．逆ラプラス変換を求めるには，式(A1・10)の複素積分を留数計算を利用して求める方法と，$X(s)$ を部分分数展開して，ラプラス変換表の $X(s)$ のところに載っている各関数の和で表して変換する方法がある．一般的には，部分分数展開法のほうが使われている．

> **Note**
> 式(A1・10)における σ は，$x(t)$ のラプラス変換可能性を満たす最小の数より大きい任意の実数である．

付表 1・1 ラプラス変換表

	$x(t)$	$X(s)$
和差	$x_1(t) \pm x_2(t)$	$X_1(s) \pm X_2(s)$
定数との積	$ax(t)$	$aX(s)$
時間の1階微分	$\dot{x}(t)$	$sX(s) - x(0)$
時間の2階微分	$\ddot{x}(t)$	$s^2X(s) - sx(0) - \dot{x}(0)$
時間の n 階微分	$x^{(n)}(t)$	$s^nX(s) - s^{n-1}x(0) - s^{n-2}\dot{x}(0)\cdots - x^{(n-1)}(0)$
時間積分	$\int_0^t x(\tau)d\tau$	$\dfrac{1}{s}X(s)$
畳込み積分	$\int_0^t x_1(t-\tau)x_2(\tau)d\tau$	$X_1(s)X_2(s)$
t の変位	$x(t-a)u(t-a)$	$e^{-as}X(s)$
s の変位	$e^{-at}x(t)$	$X(s+a)$
初期値	$\lim_{t \to 0+} x(t)$	$\lim_{s \to \infty} sX(s)$
最終値	$\lim_{t \to \infty} x(t)$	$\lim_{s \to 0} sX(s)$
単位インパルス	$\delta(t)$	1
単位ステップ	$u(t)$	$\dfrac{1}{s}$
	$1t$	$\dfrac{1}{s^2}$
	e^{-at}	$\dfrac{1}{s+a}$
	$t^n e^{-at}$	$\dfrac{n!}{(s+a)^{n+1}}$
	$\sin at$	$\dfrac{a}{s^2+a^2}$
	$\cos at$	$\dfrac{s}{s^2+a^2}$
	$\dfrac{1}{a^2}(1-\cos at)$	$\dfrac{1}{s(s^2+a^2)}$
	$\dfrac{1}{a^3}(at-\sin at)$	$\dfrac{1}{s^2(s^2+a^2)}$
	$e^{-at}\sin bt$	$\dfrac{b}{(s+a)^2+b^2}$
	$e^{-at}\cos bt$	$\dfrac{s+a}{(s+a)^2+b^2}$
	$\dfrac{\omega_n}{\sqrt{1-\zeta^2}}e^{-\zeta\omega_n t}\sin\sqrt{1-\zeta^2}\,\omega_n t$	$\dfrac{\omega_n^2}{s^2+2\zeta\omega_n s+\omega_n^2}$ ($\zeta<1$)

例えば
$$X(s) = \frac{1}{(s+1)(s+2)} \tag{A1·11}$$
の場合
$$X(s) = \frac{1}{s+1} - \frac{1}{s+2} \tag{A1·12}$$
と部分分数に展開できるので，各分数に対応するものをラプラス変換表で探して
$$x(t) = \mathcal{L}^{-1}[X(s)] = \mathcal{L}^{-1}\left[\frac{1}{s+1}\right] - \mathcal{L}^{-1}\left[\frac{1}{s+2}\right] = e^{-t} - e^{-2t} \tag{A1·13}$$
が得られる．なお，次に説明する線形性は，逆ラプラス変換についても成り立ち，この性質を使った．

ラプラス変換は以下のような性質を持っており，ラプラス変換の計算時に使うと，便利なこともある．

（a）　線形性

ラプラス変換は，線形性を持っている．つまり，
$$\begin{aligned}\mathcal{L}[ax_1(t) \pm bx_2(t)] &= \int_0^\infty \{ax_1(t) \pm bx_2(t)\}e^{-st}dt \\ &= a\int_0^\infty x_1(t)e^{-st}dt \pm b\int_0^\infty x_2(t)e^{-st}dt \\ &= aX_1(s) \pm bX_2(s)\end{aligned} \tag{A1·14}$$
となる．

（b）　積分，微分

ラプラス変換表にもある，微分，積分についての関係式を証明すると次のようになる．1階，2階，n階微分のラプラス変換は，まず微分について
$$\begin{aligned}\mathcal{L}\left[\frac{dx(t)}{dt}\right] &= \int_0^\infty \frac{dx(t)}{dt}e^{-st}dt \\ &= [x(t)e^{-st}]_0^\infty + s\int_0^\infty x(t)e^{-st}dt = sX(s) - x(0)\end{aligned} \tag{A1·15}$$

$$\begin{aligned}\mathcal{L}\left[\frac{d^2x(t)}{dt^2}\right] &= \int_0^\infty \frac{d^2x(t)}{dt^2}e^{-st}dt \\ &= \left[\frac{dx(t)}{dt}e^{-st}\right]_0^\infty + s\int_0^\infty \frac{dx(t)}{dt}e^{-st}dt \\ &= s^2X(s) - sx(0) - \left.\frac{dx(t)}{dt}\right|_{t=0}\end{aligned} \tag{A1·16}$$

$$\mathcal{L}\left[\frac{d^n x(t)}{dt^n}\right] = s^n X(s) - \sum_{i=1}^n s^{n-i} \left.\frac{d^{i-1}x(t)}{dt^{i-1}}\right|_{t=0} \tag{A1·17}$$

である．また，積分については
$$\begin{aligned}\mathcal{L}\left[\int_0^t x(t)dt\right] &= \int_0^\infty \left[\int_0^t x(t)dt\right]e^{-st}dt \\ &= \left[-\frac{1}{s}e^{-st}\int_0^t x(t)dt\right]_0^\infty + \frac{1}{s}\int_0^\infty x(t)e^{-st}dt \\ &= \frac{1}{s}X(s)\end{aligned} \tag{A1·18}$$

$$\mathcal{L}\left[\int_0^t \int_0^t \cdots \int_0^t x(\tau)(d\tau)^n\right] = \frac{1}{s^n}X(s) \tag{A1·19}$$

となる．ここで，$x(0)$および$\left.\dfrac{d^{i-1}x(t)}{dt^{i-1}}\right|_{t=0}$は，$0 \leq t$における$x(t)$および$\dfrac{d^{i-1}x(t)}{dt^{i-1}}$の初期値を表している．

（c）　むだ時間

$x(t)$ を時間 T だけ遅らせた関数は $x(t-T)$ である．このとき，T を**むだ時間**と呼ぶ．この関数のラプラス変換は次のようになる．

$$\mathcal{L}[x(t-T)] = \int_0^\infty x(t-T)e^{-st}dt$$
$$= \int_{-T}^\infty x(\tau)e^{-s(\tau+T)}d\tau = e^{-sT}\int_{-T}^\infty x(\tau)e^{-s\tau}d\tau$$
$$= e^{-sT}\int_0^\infty x(\tau)e^{-s\tau}d\tau = e^{-sT}X(s) \tag{A1·20}$$

ただし，$x(\tau)=0,\ \tau<0$ である．

（d）　e^{-at} との積

$$\mathcal{L}[e^{-at}x(t)] = \int_0^\infty e^{-at}x(t)e^{-st}dt = \int_0^\infty x(t)e^{-(s+a)t}dt$$
$$= X(s+a) \tag{A1·21}$$

（e）　最終値の定理

式(A1·15)を使うと

$$\lim_{s\to 0}\int_0^\infty \frac{dx(t)}{dt}e^{-st}dt = \int_0^\infty \frac{dx(t)}{dt}dt = \lim_{t\to\infty}\int_0^t \frac{dx(t)}{dt}dt$$
$$= \lim_{t\to\infty}[x(t)-x(0)] = \lim_{s\to 0}[sX(s)-x(0)] \tag{A1·22}$$

が成り立つ．したがって

$$\lim_{t\to\infty}x(t) = \lim_{s\to 0}sX(s) \tag{A1·23}$$

が得られる．これが，最終値の定理である．

（f）　畳込み積分

畳込み積分のラプラス変換は

$$\mathcal{L}\left[\int_0^t x_1(t-\tau)x_2(\tau)d\tau\right] = \int_0^\infty \left[\int_0^t x_1(t-\tau)x_2(\tau)\right]e^{-st}dt$$
$$= \int_0^\infty \left[\int_0^\infty x_1(t-\tau)x_2(\tau)\right]e^{-st}dt$$
$$= \int_0^\infty \left[\int_0^\infty x_1(t-\tau)e^{-st}dt\right]x_2(\tau)d\tau$$
$$= \int_0^\infty X_1(s)e^{-s\tau}x_2(\tau)d\tau$$
$$= X_1(s)\int_0^\infty x_2(\tau)e^{-s\tau}d\tau$$
$$= X_1(s)X_2(s) \tag{A1·24}$$

となる．

付録2　感度解析

フィードバック制御系の基本的な性質を，感度解析の視点から見てみよう．

付図 2·1 に示すフィードバック制御系を考える．$d(s)$ は制御対象の入力端に加わる低周波外乱，$n(s)$ は出力端に加わる高周波雑音である．外乱と雑音とを考慮した出力 $Y(s)$ は

$$Y(s) = \frac{G(s)C(s)}{1+G(s)C(s)}R(s) + \frac{G(s)}{1+G(s)C(s)}d(s) - \frac{G(s)C(s)}{1+G(s)C(s)}n(s) \quad (\text{A}2\cdot1)$$

であり，分母多項式の $G(s)C(s)$ を**一巡伝達関数**，$1+G(s)C(s)$ を**還送差**と呼ぶ．式 (A 2·1) から制御偏差 $E(s)$ を求めると

$$\begin{aligned}E(s) &= R(s) - Y(s) \\ &= R(s) - \frac{G(s)C(s)}{1+G(s)C(s)}R(s) - \frac{G(s)}{1+G(s)C(s)}d(s) + \frac{G(s)C(s)}{1+G(s)C(s)}n(s) \\ &= \frac{1}{1+G(s)C(s)}R(s) - \frac{G(s)}{1+G(s)C(s)}d(s) + \frac{G(s)C(s)}{1+G(s)C(s)}n(s) \end{aligned} \quad (\text{A}2\cdot2)$$

となるので，$R(s)$ が $E(s)$ に寄与する割合 $1/\{1+G(s)H(s)\}$ を**フィードバック系の感度関数**（sensitivity function）と呼ぶ．これを $S(s)$ で表すと

$$S(s) = \frac{1}{1+G(s)C(s)} \quad (\text{A}2\cdot3)$$

一方，$R(s)$ から $Y(s)$ までの閉ループ伝達関数を $T(s)$ で表すと

$$T(s) = \frac{G(s)C(s)}{1+G(s)C(s)} \quad (\text{A}2\cdot4)$$

であり，明らかに以下の関係が成立する．

$$S(s) + T(s) = 1 \quad (\text{A}2\cdot5)$$

式 (A 2·5) を考慮し，$T(s)$ を**相補感度関数**とも呼ぶ．

いま，$S(s)$ と $T(s)$ を使って式 (A 2·2) を表すと

$$E(s) = S(s)R(s) - S(s)G(s)d(s) + T(s)n(s) \quad (\text{A}2\cdot6)$$

となり，$S(s)$ を小さくすると右辺第 1 項と第 2 項が小さくなって制御偏差が減るように思えるが，逆に $T(s)$ が大きくなるので雑音の影響による制御偏差が増えてしまう．式 (A 2·5) の関係がある以上，$S(s)$ と $T(s)$ の両方を小さくすることは矛盾した要求であり，ここにフィードバック制御系設計の困難さがある．

実際に制御系を設計するにあたっては，$R(s)$ と $d(s)$ は主として低周波帯域，$n(s)$ は高周波帯域の信号であることを考慮して，低周波域では $S(s)$ を小さくし，高周波域では $T(s)$ を小さくするように設計する手法が取られる．このような設計が容易にできるため，周波数応答法，ひいては古典制御理論は現在でも広く用いられている．

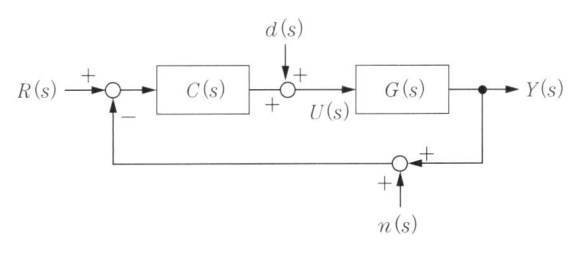

付図 2·1　外乱の入ったフィードバック制御系

演習問題解答

■ 1章 序論

問 1·1 制御対象：船，操作量：舵を動かす角度，制御量：船の進行方向

問 1·2 (1) 衣類の汚れを感知するセンサ
(2) 吸い取るちりの量を測るセンサ
(3) パンの表面の色を感知するセンサ

問 1·3 サーボ系

問 1·4 (1) 目標値：希望温度，基準入力：希望温度に相当する電圧，動作信号：希望温度に相当する電圧から熱起電力を引いた信号，偏差：希望温度から炉内温度を引いた信号，操作量：ガス流量，制御量：炉内温度，主フィードバック量：熱起電力，基準入力要素：すべり抵抗，制御器：増幅器，アクチュエータ：直流電動機と弁，制御対象：炉，フィードバック要素：熱電対

解図 **1·1** を参照のこと．

(2) プロセス制御
(3) 炉周辺の外気温の変化やガスの温度変化

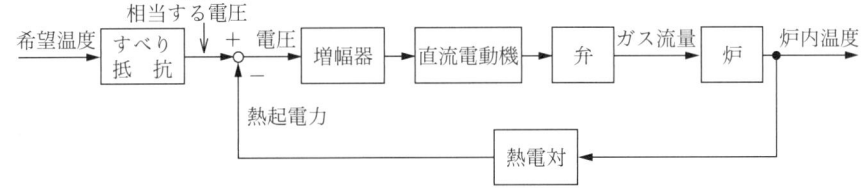

解図 1·1 炉の温度制御系のブロック線図

■ 2章 システムモデルと伝達関数

問 2·1 $t>0$ で定義された関数 $f(t)$ のラプラス変換後の関数を $F(s)$ とすると，$F(s)$ は次の積分で表される．

$$F(s)=\int_0^\infty f(t)\exp(-st)\,dt$$

いま，$f(t)=k\exp(-ct)$ を代入すると

$$F(s)=\int_0^\infty \{k\exp(-ct)\}\exp(-st)\,dt = k\int_0^\infty \exp(-(c+s)t)\,dt$$

$$=k\frac{1}{-(c+s)}[\exp\{-(c+s)t\}]_0^\infty = \frac{k}{-(c+s)}[0-1]=\frac{k}{c+s}$$

問 2·2 解答略．

問 2·3 解答略．

問 2·4 解答略．

問 2·5 解図 **2·1** 参照．

$$Y_0(s) \to \boxed{\frac{K_D s^2+K_P s+K_I}{ms^3+(d+K_D)s^2+(k+K_P)s+K_I}} \to Y(s)$$

解図 2·1

問 2·6 (1) 直流電動機の基礎式(2·28)〜(2·31)を，インダクタを0として，各式をラプラス変換すると

$$V_i(s) - V_{bef}(s) = RI(s)$$
$$V_{bef}(s) = K_{bef}\Omega(s)$$
$$J_m s\Omega(s) = T_m(s)$$
$$T_m(s) = K_t I(s)$$

となる．また，ブロック線図は**解図 2·2**となる．

(2) 各式のブロック線図を統合した図と，等価変換を行い一つのブロックとした図は**解図 2·3**となる．

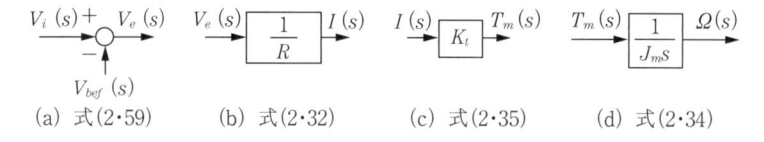

(a) 式(2·59)　(b) 式(2·32)　(c) 式(2·35)　(d) 式(2·34)

(e) 式(2·33)

解図 2·2

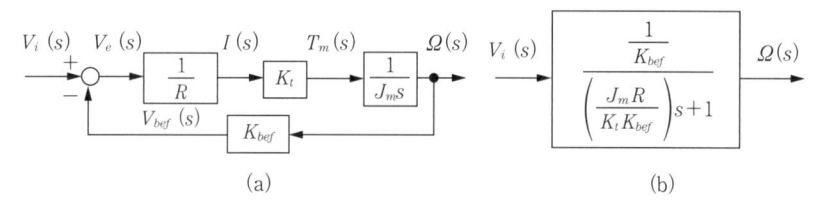

解図 2·3

問 2·7 (1) 図2·21の制御システムでの制御器を積分制御に変更したブロック線図は**解図 2·4**となる．

(2) システム全体の伝達関数は次式となる．

$$G(s) = \frac{Y(s)}{Y_0(s)} = \frac{1}{\left(\frac{m}{K_I}\right)s^3 + \left(\frac{\mu}{K_I}\right)s^2 + \left(\frac{k}{K_I}\right)s + 1}$$

(3) 制御偏差を積分しているため，理想的には定常偏差は0となる．

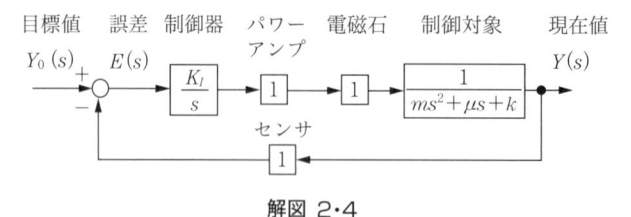

解図 2·4

■ 3章 過渡特性

問 3・1 インパルス応答のラプラス変換が伝達関数であるため
$$G(s)=\mathcal{L}\{e^{-2t}\}=\frac{1}{s+2}$$
よって，一次遅れ系である．ステップ応答は，式(3・10)より
$$Y(s)=\frac{1}{s}\cdot\frac{1}{s+2}=\frac{1}{2}\left(\frac{1}{s}-\frac{1}{s+2}\right)$$
なので
$$y(t)=\mathcal{L}^{-1}\{Y(s)\}=\frac{1}{2}u(t)-\frac{1}{2}e^{-2t}$$
である．ここで，$u(t)$ はステップ関数である．

問 3・2 図示すると，**解図 3・1** のようになる．

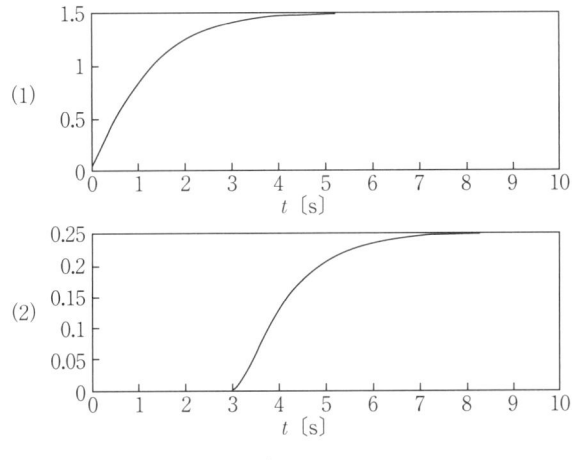

解図 3・1

問 3・3 回路を流れる電流を $i(t)$ とすると，入力電圧が $V_i(t)$ なので
$$V_i(t)=Ri(t)+\frac{1}{C}\int i(t)\,dt \quad\quad\quad\quad\quad\quad\quad\text{①}$$
また，出力電圧は
$$V_o(t)=\frac{1}{C}\int i(t)\,dt \quad\quad\quad\quad\quad\quad\quad\quad\quad\text{②}$$
である．これらを，初期値0としてラプラス変換すると
$$V_i(s)=RI(s)+\frac{1}{sC}I(s) \quad\quad\quad\quad\quad\quad\quad\text{①'}$$
$$V_o(s)=\frac{1}{sC}I(s) \quad\quad\quad\quad\quad\quad\quad\quad\quad\quad\text{②'}$$
②' を $I(s)=sCV_o(s)$ として①' に代入すれば，$V_i(s)=RCV_o(s)+V_o(s)$ となって
$$G(s)=\frac{V_o(s)}{V_i(s)}=\frac{1}{RCs+1}$$
が伝達関数である．また，明らかに時定数 $T=RC$ である．

問 3・4 ステップ応答を図示すると，**解図 3・2** のようになる．接線近似の仕方にもよるが，図より約 1 s 程度と読み取れる．

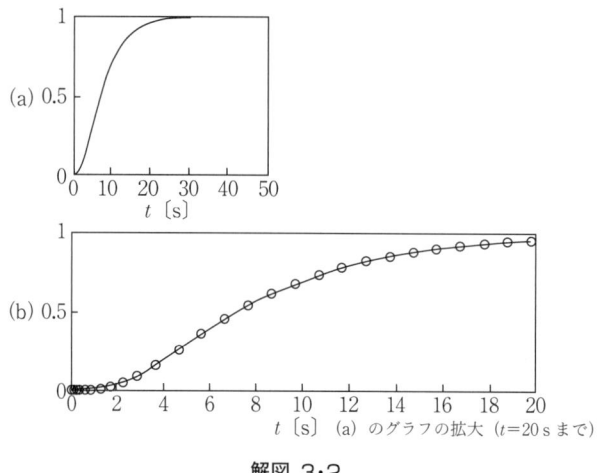

解図 3·2

4章　周波数応答

問 4·1　(1) **解図 4·1**(a) 参照．
(2) **解図 4·1**(b) 参照．
(3) **解図 4·1**(c) 参照．

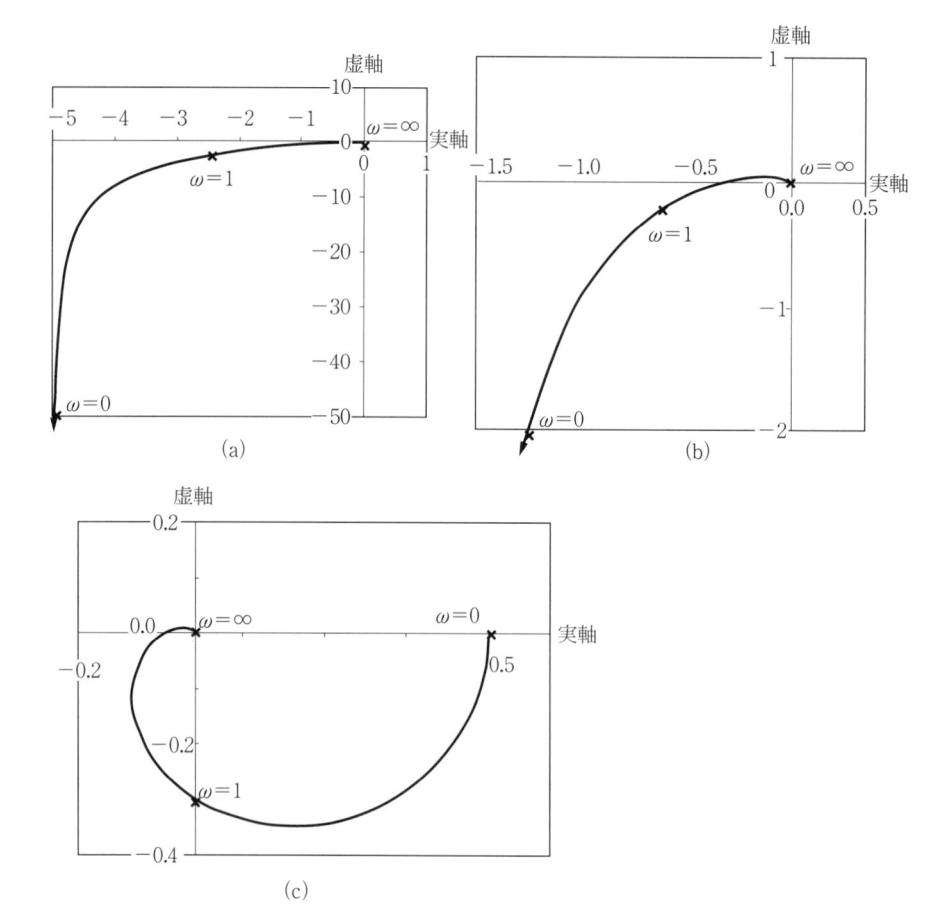

解図 4·1

問 4・2　(1)　**解図 4・2**(a)参照.
　　　　(2)　**解図 4・2**(b)参照.
　　　　(3)　**解図 4・2**(c)参照.

問 4・3　**解図 4・3**参照.

問 4・4　ゲイン特性が，**解図 4・4**①，②，③の直線により，近似できる．

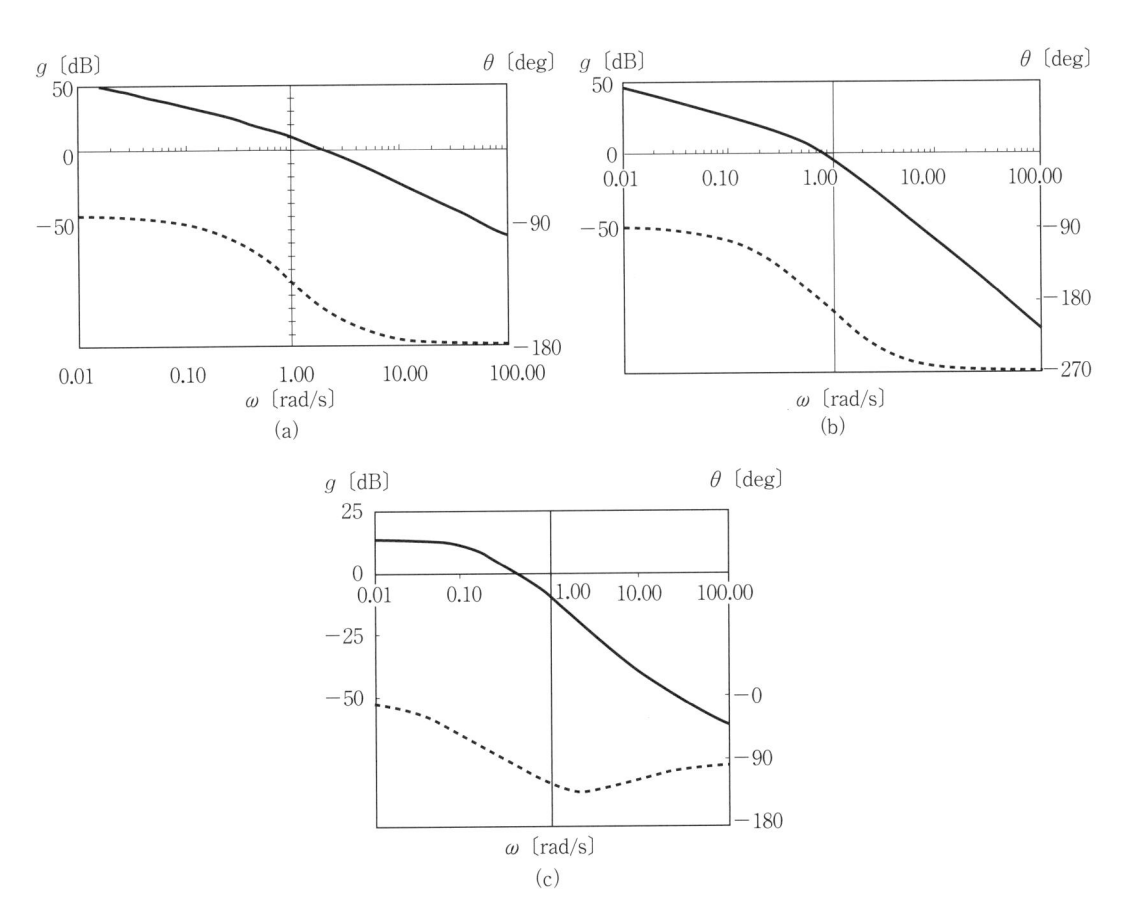

解図 4・2

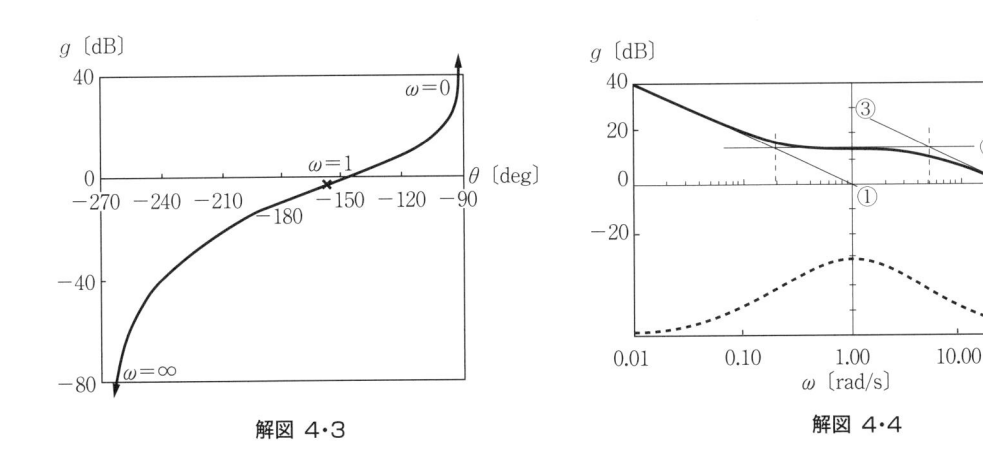

解図 4・3

解図 4・4

手順1 直線①の傾きは，$-20\,\mathrm{dB/dec}$ および低周波領域の位相が $-90\,\mathrm{deg}$ より，伝達関数には K/s の項を含む．

手順2 直線③の傾きは，$-20\,\mathrm{dB/dec}$ および高周波領域の位相が $-90\,\mathrm{deg}$ より，伝達関数の分母の次数は分子の次数より1高い．

手順3 これらの結果より，伝達関数は
$$G(s) = \frac{K(1+T_2 s)}{s(1+T_1 s)}$$
と推測する．

手順4 直線②の傾きが0であるから，$T_2 > T_1$ である（逆のときは，直線②の傾きは $-40\,\mathrm{dB/dec}$）．

次に，パラメータ K, T_1, T_2 を求める．

手順5 直線①と②の交点の角周波数は0.2より，$T_2 = 1/0.2 = 5$

手順6 直線②と③の交点の角周波数は5より，$T_1 = 1/5 = 0.2$

手順7 直線①が角周波数1のとき，0dBであるから，$K=1$

よって，伝達関数は
$$G(s) = \frac{1+5s}{s(1+0.2s)}$$

■ 5章 安定性

問 5·1 $s^3 + 3s^2 + 3s + 1 = 0$

問 5·2 インパルス応答は，伝達関数
$$\frac{K}{s^2 + 2s + K}$$
の応答になり，K の値によって波形は異なるが，すべて漸近安定である．

問 5·3 ラウス表は以下のようになり，安定である．

4	1	3	1	0
3	5	2	0	
2	13/5	1	0	
1	1/13	0		
0	1	0		

問 5·4 ラウス表は以下のようになり，$0 < \varepsilon < (11 + 5\sqrt{5})/2$ のとき安定．

4	1	3	1	0
3	5	$2+\varepsilon$	0	
2	$(13-\varepsilon)/5$	1	0	
1	$(1+11\varepsilon-\varepsilon^2)/(13-\varepsilon)$	0		
0	1	0		

問 5·5 特性方程式は
$$s^3 + 3s^2 + 2s + 8 = 0$$
となり，フルビッツ行列 H は
$$H = \begin{pmatrix} 3 & 8 & 0 \\ 1 & 2 & 0 \\ 0 & 3 & 8 \end{pmatrix}$$

$H_1 = 3 > 0$, $H_2 = -2 < 0$, $H_3 = -16 < 0$ であるから，不安定．

問 5·6 極軸上の極数を p とすると，ナイキストの安定判別法 I の $\Delta\varphi$ は
$$\Delta\varphi = p\pi + p\frac{\pi}{2}$$
となり，安定判別法 II の $\Delta\varphi$ は
$$\Delta\varphi = p\frac{\pi}{2}$$
となる．

問 5·7 (1) ナイキスト線図は**解図 5·1**のようになる．
(2) $-1+j0$ を左に見て囲まないので安定である．
(3) 位相余裕 54.4°，ゲイン交差周波数 2.3
(4) ゲイン余裕 10.5 dB，位相交差周波数 4.6

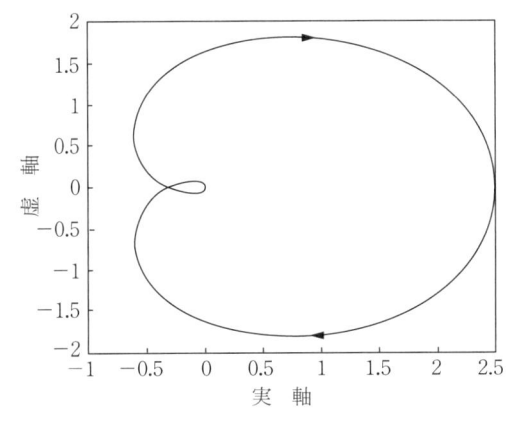

解図 5·1

6 章　定常特性

問 6·1 (1) 図 6·1 のブロック線図を変形すると，**解図 6·1** が得られる．
(2) **解図 6·2** 参照．

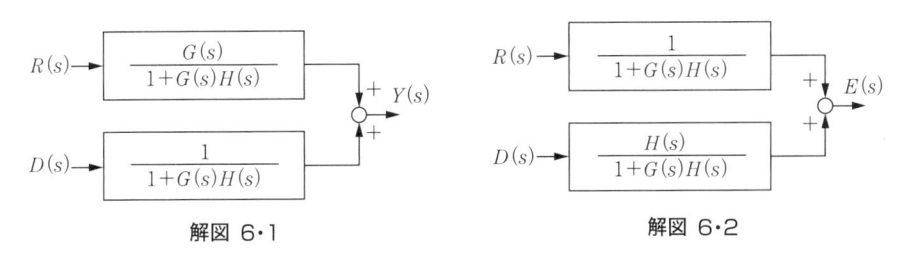

解図 6·1

解図 6·2

問 6·2 (1) $e(\infty) = \dfrac{1}{1+G(0)H(0)}$ であり，$H(0)=1$，与えられた $G(s)$ で $s\to 0$ とすれば，$e(\infty)$ はそれぞれ，① $1/(1+5)=0.17$，② $1/(1+\infty)=0$，③ $1/(1+5)=0.17$ である．

(2) $$e(\infty) = \frac{h}{1+G(0)H(0)}$$
であるので，① $0.17h$，② 0，③ $0.17h$ である．一方
$$y(\infty) = \frac{hG(0)}{1+G(0)H(0)}$$

であるので，①$0.83h$，②h，③$0.83h$ である．①，③は0形の系であるので，目標値から偏差が生じる．一方，②は1形の系であるので，目標値に一致する．

問 6·3 (1) 例題で，すでに $y(t)$ を導出している．偏差 $e(t)=1-y(t)$ であるので

$$e(t)=\frac{1}{K+1}+\frac{K}{K+1}e^{-(K+1)t}$$

である．$K=2$ では

$$e(t)=\frac{1}{3}+\frac{2}{3}e^{-3t}$$

であり，$t=0$ では 1，$t=0.33$ で $0.33+0.66\times 0.37=0.57$，$t\to\infty$ で 0.33 である．概形は**解図 6·3** 参照．

(2) $K=10$ では

$$e(t)=\frac{1}{11}+\frac{10}{11}e^{-11t}$$

であり，$t=0$ では 1，$t=0.09$ で $0.09+0.91\times 0.37=0.43$，$t\to\infty$ で 0.09 である．概形は解図 6·3 参照．

(3) $K=100$ では

$$e(t)=\frac{1}{101}+\frac{10}{101}e^{-101t}$$

であり，$t=0$ では 1，$t=0.01$ で $0.01+0.99\times 0.37=0.37$，$t\to\infty$ で 0.01 である．概形は解図 6·3 参照．定常偏差は $1/(1+K)$ であり，K が大きいシステムほど定常偏差が小さい．

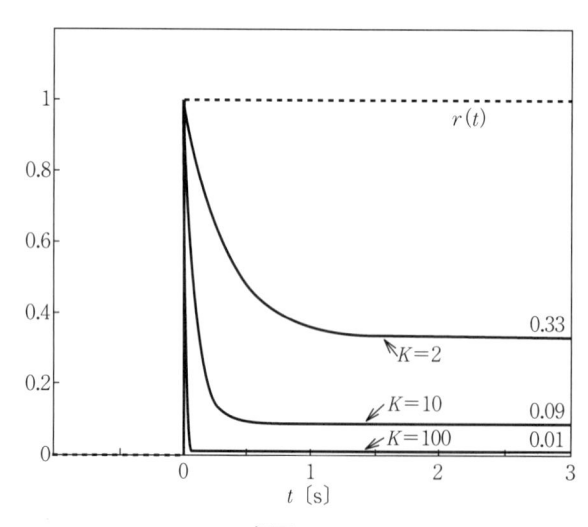

解図 6·3

問 6·4 $$Y(s)=\frac{1}{1+\dfrac{1}{s+1}}=1-\frac{1}{s+2}$$

である．したがって，$y(t)=\delta(t)-e^{-2t}$，$y(\infty)=0$ である．

問 6·5 (1) $$Y(s)=\frac{1}{1+\dfrac{5}{s+1}}\cdot\frac{1}{s}=\frac{1}{6s}+\frac{5}{6}\cdot\frac{1}{s+6}$$

である．したがって，時間領域では

$$y(t)=\frac{1}{6}+\frac{5}{6}e^{-6t}$$

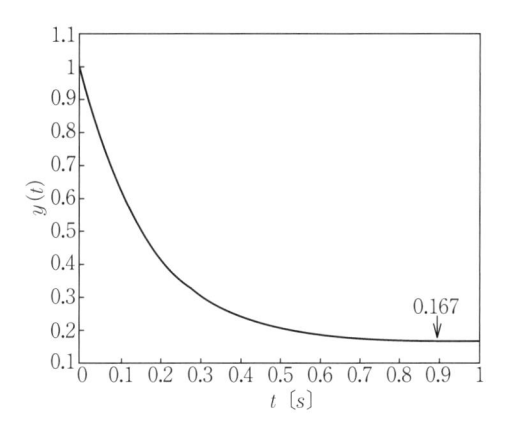

解図 6·4

である．$t=0$ で $y=1$，$t=1/6$ で $y=0.48$，$t \to \infty$ で $y=1/6$ である．概形は**解図 6·4** を参照．

(2) 目標値と外乱に起因する y の変化は，重ね合わせの理が成り立つ．まず，目標値のステップ入力については，
$$Y(s) = \frac{G(s)R(s)}{1+G(s)} = \frac{5}{s+6} \cdot \frac{1}{s}$$
であるので，時間領域では
$$y(t) = \frac{5}{6}(1-e^{-6t})$$
である．したがって，十分時間が経た後は 5/6 に収束する．

一方，ステップ外乱に対しては
$$Y(s) = \frac{R(s)}{1+G(s)}$$
であるので，時間領域では
$$y(t) = \frac{1}{12}(1+5e^{-6t})$$
である．十分時間が経た後は 1/12 に収束する．まず，目標値が与えられ，その後に外乱が与えられるので，$y(\infty) = 11/12$ である．概形は**解図 6·5** 参照．

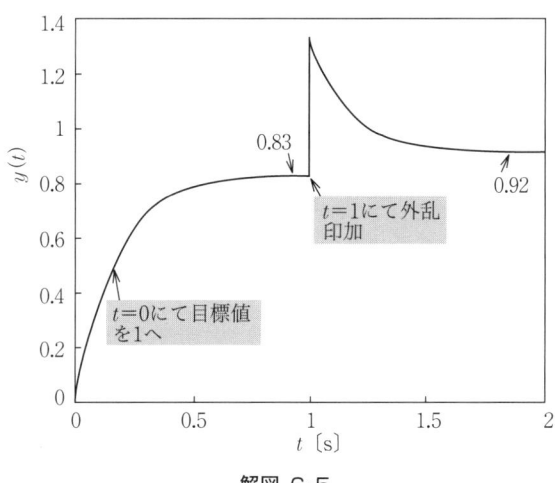

解図 6·5

■ **7章　過渡特性の解析**

問 7・1 (1) $\dfrac{X(s)}{U(s)} = \dfrac{8}{s+1}$ であるから，$X(s) = 8\left(\dfrac{1}{s} - \dfrac{1}{s+1}\right)U(s)$

よって，$x(t) = 8(1 - e^{-t})$

(2) $\dfrac{X(s)}{U(s)} = \dfrac{4}{s^2 + 2s + 4}$

ここで，$\omega_n = 2$, $\zeta = 0.5$

よって，$x(t) = 1 - 1.15 e^{-t} \sin(1.73t + 9.55)$

(3) $\dfrac{X(s)}{U(s)} = \dfrac{100}{s^2 + 4s + 100}$

ここで，$\omega_n = 10$, $\zeta = 0.2$

よって，$x(t) = 1 - 1.02 e^{-2t} \sin(9.8t + 12.5)$

問 7・2 $\dfrac{R}{2}\sqrt{\dfrac{C}{L}} \geq 1$

問 7・3 (1) $P(s) = \dfrac{1}{s+8}$ より，$N_1 = 1$, $D_1 = 8 + j\omega$

すると，$|N_1| = 1$, $\angle N_1 = 0°$, $|D_1| = \sqrt{64 + \omega^2}$, $\angle D_1 = -\tan^{-1}\dfrac{\omega}{8}$

よって，$|P(j\omega)| = \dfrac{1}{\sqrt{64 + \omega^2}}$, $\angle P(j\omega) = -\tan^{-1}\dfrac{\omega}{8}$

(2) $P(s) = \dfrac{1}{s-4}$ より，$N_1 = 1$, $D_1 = -4 + j\omega$

すると，$|N_1| = 1$, $\angle N_1 = 0°$, $|D_1| = \sqrt{16 + \omega^2}$, $\angle D_1 = \tan^{-1}\dfrac{\omega}{4}$

よって，$|P(j\omega)| = \dfrac{1}{\sqrt{16 + \omega^2}}$, $\angle P(j\omega) = -\tan^{-1}\dfrac{\omega}{4}$

(3) $P(s) = \dfrac{1}{s^2 + 2s + 1}$ より，$N_1 = 1$, $D_1 = 1 + j\omega$, $D_2 = 1 + j\omega$

すると，$|N_1| = 1$, $\angle N_1 = 0°$, $|D_1| = \sqrt{1 + \omega^2}$,

$\angle D_1 = -\tan^{-1}\omega$, $|D_2| = \sqrt{1 + \omega^2}$, $\angle D_2 = -\tan^{-1}\omega$

よって，$|P(j\omega)| = \dfrac{1}{1 + \omega^2}$, $\angle P(j\omega) = -2\tan^{-1}\omega$

(4) $P(s) = \dfrac{1}{s^2 + 2s + 2}$ より，$N_1 = 2$, $D_1 = 2 - \omega^2 + 2j\omega$

すると，$|N_1| = 2$, $\angle N_1 = 0°$, $|D_1| = \sqrt{4 + \omega^4}$, $\angle D_1 = \tan^{-1}\dfrac{2\omega}{2 - \omega^2}$

よって，$|P(j\omega)| = \dfrac{2}{\sqrt{4 + \omega^2}}$, $\angle P(j\omega) = -\tan^{-1}\dfrac{2\omega}{2 - \omega^2}$

問 7・4 $\omega_P = \omega_n\sqrt{1 - 2\zeta^2}$, $M_P = \dfrac{1}{2\zeta\sqrt{1 - \zeta^2}}$

問 7・5 式(7・29)より

$$X_{\max} = 1 + e^{-\frac{\zeta}{\sqrt{1-\zeta^2}}\pi} = 1.3$$

両辺の自然対数 ln を取ると

$$\ln 0.3 = -\dfrac{\zeta\pi}{\sqrt{1-\zeta^2}}$$

よって，$\zeta = 0.36$．また，$\zeta = \sin\delta$ より，$\delta = 21°$．

次に，式(7・33)より，$\ln 0.05 = -\zeta\omega_n t$

よって，$t=0.7$ 秒以内．$\zeta=0.36$ を代入すると，$\omega_n \geq 12$ rad/s $=1.9$ Hz
したがって，$T_M \leq 0.12$，$K_A K_M K_S = \omega_n/(2\zeta) \geq 17$

問 7・6 $T_M = 0.12$，$K_A K_M K_S = 18$

■ 8章 根軌跡法

問 8・1 特性方程式 $1+KG(s)=0$ の係数は実数であるので，複素根がある場合は常に共役複素根が存在するから．

問 8・2 開ループ伝達関数の分母多項式 $D(s)$ と分子多項式 $N(s)$ を用いると，特性方程式は $D(s)+KN(s)=0$ となり，$K=0$ のとき $D(s)=0$ であるから，開ループの極から出発し，$K=\infty$ のとき $N(s)=0$ に漸近するので零点に向かう．

問 8・3 解図 8・1 参照．

問 8・4 解図 8・2 参照．

問 8・5 特性方程式に $j\omega$ を代入する．$K=48$

問 8・6 $\omega \sim 2\sqrt{3} = 3.46$

問 8・7 根軌跡の性質 7 を用いる．$K \sim 73.3$

問 8・8 s に s^{-1} を代入し，根軌跡の性質 3 を用いる．

問 8・9 実係数特性方程式の性質．

問 8・10 実数と純虚数の位相は 90° の差があるから．

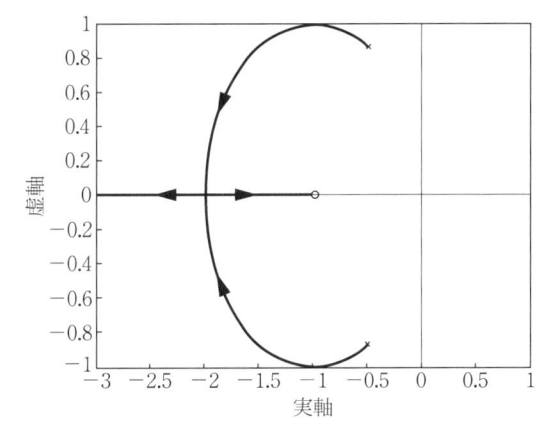

解図 8・1

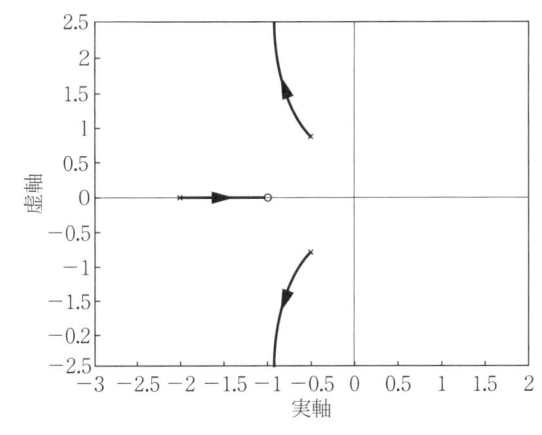

解図 8・2

■ 9章　設計法

問 9・1　図 9・4 には，$K=1$ の場合について直線近似とコンピュータ計算曲線が描かれている．さらに，$K=3$，10 の場合についてコンピュータ計算曲線が描かれている．折点周波数はいずれの場合も 1 rad/s であり，ゲインはそれぞれ -10，10 dB になる．直線近似は 3 dB 高い．位相特性は $K=1$ の場合と同一である．直線近似した周波数特性から位相余裕，ゲイン交差角周波数は $K=1, 3, 10$ それぞれの場合に 90，77，45°，0.1，0.3，1 rad/s であることが読み取れる．π/ω_{cg} やζを算出すると，ステップ応答は図 9・5 に示したように，それぞれ，やや遅い応答，臨界制動に近い応答，オーバシュートが発生する応答が予測される．

問 9・2　$20\log_{10}K$ は，それぞれ 7，14，21 dB である．K はおよそ 2.2，5.0，11 である．ω_{cg} は 2，4.4，10，12 rad/s であり，$\pi/\omega_{cg}=0.71$，0.31，0.26 s である．図 9・7 では，$t=0.7$，0.31，0.26 s 付近でオーバシュートのピークが発生している．

問 9・3　ゲイン特性：高域は 10 dB，折点角周波数 2，0.2，0.02 rad/s の交点から -20 dB/dec の直線を引く．
　位相特性：折点角周波数で位相角 $-45°$，折点角周波数の 5 倍の角周波数で 0°，1/5 角周波数で $-90°$ の点を取り，直線で結ぶ．3 点は一直線上に並ぶ．

問 9・4　ゲイン交差角周波数はいずれも 2.6 rad/s であり，位相余裕は $\omega_i=0.2$，0.02 では 110°，$\omega_i=2$ では 60° 程度である．位相余裕は 20 から 30° の誤差，ゲイン交差角周波数は 160% 程度の誤差がある．したがって，大まかなデザインを直線近似で行い，より完成度を高めるためには数値計算を行うことが重要である．

問 9・5　ゲイン特性は低域では 0 dB であるが，1 rad/s から 20 dB/dec で増加し 10 rad/s では 20 dB になる．この点以上では 20 dB 一定値である．低域では位相角 $-90°$ であるが，0.2 rad/s で $-90°$ の点から位相遅れが減少し，1 rad/s で 45° 遅れの点を通り，2 rad/s まで直線的に位相が減少する．2 rad/s から 5 rad/s まではフラットで約 60° 強である．5 rad/s から直線的に位相が遅れ，1 rad/s で 45° 遅れの点を通り，50 rad/s で 90° 遅れの点まで位相が減少する．この点以上の高域では，90° 遅れである．

問 9・6　ゲインは，低域では 0 dB で，0 dB と ω_{dl} で折点になり，折点から 20 dB/dec でゲインは増加し，$100\,\omega_{dl}$ と 40 dB で高域の折点になる．位相は ω_{dl} で 45° であり，その 1/5 倍の角周波数で 0°，5 倍周波数で 90° になる．$20\,\omega_{dl}$ で位相進み角度は減少しはじめ，$100\,\omega_{dl}$ で 45°，$500\,\omega_{dl}$ で 0° になる．

問 9・7　直線近似を行い，位相特性，ゲイン特性を描く．このボード線図から，以下の値を読み取ることができる．$K_p=10$ だけの場合は 1 rad/s で，位相余裕 45° である．$\omega_{dl}=1$ では 1 rad/s で，位相余裕 90° である．$\omega_{dl}=0.3$ では 3.2 rad/s で，約 65° である．

問 9・8　位相を 1/5，5 倍角周波数で近似して描くと，20 rad/s で 75° の位相余裕になる．すなわち，$K_p=10$ としたのは直線近似で設計した場合に位相余裕が 75° になるように決定したのである．

問 9・9　ゲイン特性は低域 -20 dB/dec であり，(ω，dB ゲイン）の点 (1, 20)，(10, 20)，(100, 40) で折点を持つ．位相特性は (ω, 位相角) が (2, -90)，(1, -45)，(2, 約 -22)，(5, 約 $+25$)，(10, 45)，(20, 約 67)，(50, 約

67)，(100，45)，(500，0) を直線で結ぶ．

問 9・10　ゲイン特性は低域 $-20\,\mathrm{dB/dec}$ であり，(1 rad/s, 26 dB) を通る．20 rad/s でゲイン交差角周波数になる．位相は低域で $-90°$ であり，(10 rad/s, -90 deg) を通り，位相が回りはじめる．ゲイン交差角周波数では $75°$ になる．

問 9・11　ω_{dl} の値を変えるとオーバシュートが大きくなる傾向がある．不完全微分器の帯域を上げ，$\omega_{dh}=30\,\omega_{dl}$ とすると，単位ステップ応答に観察されたオーバシュートはほとんどなくなり効果的である．

■ 10 章　制御系の実装

問 10・1　ラプラス変換を用いて，$v_{\mathrm{IN}} \to V_{\mathrm{IN}}$，$v_{\mathrm{OUT}} \to V_{\mathrm{OUT}}$，$i \to I$，$R_1 \to R_1$，$R_2 \to R_2$，$C \to 1/Cs$（コンデンサには $(1/C)\int i dt$ の電圧がかかるので）と置き換えると，直流回路と同様に扱えるので

$$V_{\mathrm{IN}}=\left(\frac{1}{1/R_1+Cs}+R_2\right)I, \quad V_{\mathrm{OUT}}=R_2 I$$

したがって

$$\frac{V_{\mathrm{OUT}}}{V_{\mathrm{IN}}}=\frac{R_2 I}{\left(\dfrac{1}{1/R_1+Cs}+R_2\right)I}=\frac{R_2}{R_1+R_2}\cdot\frac{1+R_1 Cs}{1+\dfrac{R_2}{R_1+R_2}R_1 Cs}$$

問 10・2
$$\frac{V_{\mathrm{OUT}}}{V_{\mathrm{IN}}}=\frac{R_2+\dfrac{1}{Cs}}{R_1+R_2+\dfrac{1}{Cs}}=\frac{1+R_2 Cs}{1+\dfrac{R_1+R_2}{R_2}R_2 Cs}$$

問 10・3　可聴域は $20\sim20\,000$ Hz なので，40 kHz．

問 10・4　全自動洗濯機の場合，多くは，タッチパネルの裏側にあって，細長いボード 2 枚分にコンピュータやコントローラが収められている．

問 10・5　ぬれた道路でもスリップすることなく車を停止させる ABS は，停止しようとしている状態と，そのときスリップしている状態を検知し，ブレーキをかけたり，緩めたりすることでスリップを防いでいる．スリップとは，車体は動いているが，車輪がロックしている状態である．したがって，車体の速度を検出する加速度センサ，車輪の回転速度を検出する車輪速度センサ，これらよりブレーキを最適に制御するコントローラ，コントローラの指令によりブレーキを働かせる油圧サーボアクチュエータから構成されている．

問 10・6　地震の揺れからビルを守る免振装置は，パッシブとアクティブの 2 種類に分けられる．アクティブは，おもりの反動を利用して揺れを抑えるようにおもりの動作を制御する方法であり，地震の発生を検出する地動センサ，ビルの揺れを検出する振動センサ，おもりをビルの揺れと反対の方向に動かすためのコンピュータ，およびおもりを動かすアクチュエータで構成されている．

参 考 文 献

■ 1章
1) 木村英紀：制御工学の考え方，講談社（2002）
2) 示村悦二郎：自動制御とは何か，コロナ社（1990）
3) 高橋安人：システムと制御（上，下），岩波書店（1978）
4) Bennett, S. 著，古田・山北監訳：制御工学の歴史，コロナ社（1998）
5) 片山徹：フィードバック制御の基礎，朝倉書店（1987）
6) 電気工学ハンドブック，電気学会（2001）
7) 自動制御ハンドブック（基礎編），計測自動制御学会（1983）
8) 細江繁幸編：システムと制御，オーム社（1997）

■ 2章
1) 若山伊三雄：例題演習自動制御入門，産業図書（1964）
2) 得丸英勝編：最新機械工学シリーズ20 自動制御，森北出版（1981）
3) 藤井澄二，藤巻忠雄，深海登世司，中村尚五，川島忠雄，斉藤之男：制御工学，東京電機大学出版局（1985）
4) 川村貞夫：図解ロボット制御入門，オーム社（1995）
5) 森政弘，小川鑛一：初めて学ぶ基礎制御工学（第2版），東京電機大学出版局（2002）
6) 山口勝也：詳解自動制御例題演習，コロナ社（1974）
7) 早勢実：システム制御工学入門，オーム社（1980）
8) 杉江俊治，藤田政之：フィードバック制御入門，コロナ社（1999）
9) 今野紀雄監修：わかる微分・積分，ナツメ社（1998）
10) 宮崎正勝：早わかり世界史，日本実業出版社（1998）

■ 3章
1) 示村悦二郎：線形システム解析入門，コロナ社（1987）
2) 片山徹：フィードバック制御の基礎，朝倉書店（1987）
3) 加藤隆：制御工学テキスト　日本理工出版会（1998）
4) 嘉納秀明，江原信郎，小林博明，小野治：動的システムの解析と制御，コロナ社（1991）
5) 山本重彦，加藤尚武：PID制御の基礎と応用，朝倉書店（1997）

■ 4章
1) 伊藤正美：自動制御，丸善（1981）
2) 藤川，他：制御理論の基礎と応用，産業図書（1995）
3) 斎藤制海，徐粒：制御工学，森北出版（2003）
4) 今井，竹口，能勢：やさしく学べる制御工学，森北出版（2000）

■ 5章

1) Kuo, B. C., Golnaraghi, F. : Automatic Control Systems 8 ed., John Wiley & Sons Inc.（2003）
2) 椹木義一，添田喬，中溝高好：わかる自動制御演習，日新出版（1967）
3) 高橋利衛：自動制御の数学，オーム社（1961）

■ 6章

1) 中野道雄，高田和之，早川恭弘：自動制御，森北出版（1997）
2) 中野道雄，美多勉：制御基礎理論，昭晃堂（1982）

■ 7章

1) 北川能，堀込泰雄，小川侑一：自動制御工学，森北出版（2001）
2) 有本卓：ロボットの力学と制御，朝倉書店（1990）
3) 杉江俊治，藤田政之：フィードバック制御入門，コロナ社（1999）
4) 土谷武士，江上正：基礎システム制御工学，森北出版（2001）
5) 井上和生，川田昌克，西岡勝博：MATLAB/simulink によるわかりやすい制御工学，森北出版（2001）

■ 8章

1) Schmidt, G. : Grundlagen der Regelungstechnik 3. Auflage, Springer‐Verlag（1987）
2) 水上憲夫：自動制御，朝倉書店（1968）
3) 相良節夫：基礎自動制御，森北出版（1978）

■ 9章

1) 中野道雄，高田和之，早川恭弘：自動制御，森北出版（1997）
2) 中野道雄，美多勉：制御基礎理論，昭晃堂（1982）
3) 須田信英：PID 制御，朝倉書店（1992）

■ 10章

1) 青木英彦：アナログ回路の設計・製作，CQ 出版社（1989）
2) 西原主計，山藤和男：C 言語による実践メカトロインタフェース，オーム社（2000）
3) 米田完，坪内孝司，大隈久：はじめてのロボット創造設計，講談社（2001）
4) 多田隈進，大前力：制御エレクトロニクス，丸善（2000）

索　引

ア　行

アクチュエータ　4
アセンブラ　125
アナログ回路　119
安定限界　57
安定性　57

行過ぎ量　80
位相遅れ補償　101
位相遅れ補償器　108
位相遅れ補償要素　45
位相進み遅れ補償器　113
位相進み補償　101
位相進み補償器　110
位相進み補償要素　45
位相特性　42
位相余裕　65, 88
一次遅れ系　16
一次遅れ系のブロック線図　24
一次遅れ要素　34, 44
位置偏差定数　70
インディシャル応答　32, 79
インパルス応答　32

遅れ時間　80
オペアンプ　119
折点角周波数　48

カ　行

外乱　4, 67
開ループ制御系　3
開ループ伝達関数　67
重ね合わせの理　6
カスケード接合　52

加速度偏差定数　73
過渡応答　31, 79
過渡状態　31
感度解析　143

機械システムの一次遅れ系　16
機械システムの二次遅れ系　17
基準入力　4
基準入力要素　4
基本的制御要素のブロック線図　26
逆ラプラス変換　140
共役複素数　42
共振角周波数　89
極　38

ゲイン・位相特性　42
ゲイン交差周波数　65
ゲイン特性　42
ゲイン補償　101
ゲイン余裕　65, 88
結合系　51
限界感度法　114
減衰係数　37, 44
減衰性　80

交差角周波数　88
古典制御理論　8
固有角周波数　44, 80
根軌跡　93
根軌跡の作図法　96
根軌跡の性質　94

サ 行

最終値の定理　142
最小位相推移系　49
最大ゲイン　89
差動増幅回路　120
サーボ機構　6
サーボドライバ　122
サンプリング周期　123

シーケンス制御　5
ジーゴラ-ニコルスの限界感度法　114
システムモデル　13
時定数　34
自動制御　1
自動制御系　2
自動制御の歴史　6
自動調整　6
シャノンのサンプリング定理　123
周波数伝達関数　42
周波数応答　42
出　力　13
主フィードバック量　4

数式モデル　13
数値シミュレーション　83
ステップ応答　32

制　御　1
制御器　4
制御系の設計　101
制御システム　2
制御システムの実装　9
制御システムの設計　9
制御装置　4
制御対象　4, 13
制御問題　8
制御量　4
整定時間　80
静的システム　15
積分要素　33, 43
絶対値　42
零　点　38
漸近安定性　58

線形システム　6

操作量　4
相補感度関数　143
速応性　81
速度偏差定数　72

タ 行

帯域幅　90
畳込み積分　142
立上り時間　80

直流電動機系　19
直流電動機系のブロック線図　25
直列制御器　102
直列接続　23

追従制御　6
追値制御　6

定加速度入力　73
ディケード　47
ディジタルコンピュータ　122
定常応答　31
定常加速度偏差　73
定常状態　31
定常速度偏差　71
定常偏差　67, 69
定速度入力　71
定値制御　6
デルタ関数　32
電気システムの一次遅れ系　17
電気システムの二次遅れ系　18
伝達関数　8, 13

動作信号　4, 67
同定問題　8
動的システム　15
特性根　58
特性方程式　57, 58
トランジスタ　119

ナ行

ナイキスト線図　　43
ナイキストの安定判別法　　62

ニコルス線図　　54
二次遅れ系　　16, 17
二次遅れ系のブロック線図　　24
二次遅れ要素　　35, 44
二重フィードバック接続　　24
入　力　　13

ハ行

反転増幅回路　　120

非反転増幅回路　　120
微分制御器　　110
微分要素　　34, 43
比率制御　　6
比例制御器　　103
比例制御器　　102
比例積分制御器　　107
比例微分制御器　　110
比例微分積分制御器　　113
比例要素　　33

不安定性　　57
フィードバック結合　　54
フィードバック制御　　1, 3
フィードバック制御のブロック線図　　26
フィードバック接続　　23
フィードバック伝達関数　　67
フィードバック要素　　4
フィードフォワード制御　　5
フーリエ変換　　139
フルビッツ行列　　61
フルビッツの安定判別法　　61
プログラム制御　　6
プロセスコントローラ　　122
プロセス制御　　6
ブロック線図　　22

閉ループ制御系　　3
並列結合　　51

並列接続　　23
ベクトル軌跡　　42
ベクトル線図　　42
偏　角　　42
偏　差　　4

補償要素　　101
ボード線図　　42, 46

マ行

前向き伝達関数　　67

むだ時間　　37, 142

目標値　　3

ラ行

ラウスの安定判別法　　59
ラウス表　　59
ラプラス変換　　14, 139
ラプラス変換表　　140
ランプ応答　　33
ランプ入力　　71

留　数　　41

ロボット　　83

ワ行

割込み処理　　124

英数字

A/D変換器　　123

BASIC　　125

C言語　　125

D/A変換器　　124
D要素　　21

索引

I要素　　21

Pコントローラ　　102
P要素　　21
PDコントローラ　　110
PD制御　　110
PIコントローラ　　107

PI要素　　21
PIDコントローラ　　113
PID制御要素　　21

0形の制御系　　67
1形の制御系　　67
2形の制御系　　67

〈編著者・著者略歴〉

宮崎道雄（みやざき みちお）
1977年　早稲田大学大学院理工学研究科
　　　　博士課程修了
　　　　工学博士
現　在　関東学院大学工学部 教授

大浦邦彦（おおうら くにひこ）
1996年　早稲田大学大学院理工学研究科
　　　　博士課程修了
　　　　博士（工学）
現　在　国士舘大学理工学部 教授

小野　治（おの おさむ）
1979年　早稲田大学大学院理工学研究科
　　　　博士課程修了
　　　　工学博士
現　在　明治大学理工学部 教授

小松　督（こまつ ただし）
1983年　大阪大学大学院基礎工学研究科
　　　　修士課程修了
1992年　博士（工学），東京大学
現　在　関東学院大学理工学部 教授

高橋良彦（たかはし よしひこ）
1995年　東京農工大学大学院工学研究科
　　　　博士課程修了
　　　　博士（工学）
現　在　神奈川工科大学創造工学部 教授

千葉　明（ちば あきら）
1988年　東京工業大学大学院理工学研究科
　　　　博士課程修了
　　　　工学博士
現　在　東京工業大学大学院理工学研究科
　　　　教授

藤川英司（ふじかわ ひでじ）
1968年　武蔵工業大学大学院修士課程修了
1982年　工学博士（早稲田大学）
現　在　東京都市大学 名誉教授

- 本書の内容に関する質問は，オーム社ホームページの「サポート」から，「お問合せ」の「書籍に関するお問合せ」をご参照いただくか，または書状にてオーム社編集局宛にお願いします．お受けできる質問は本書で紹介した内容に限らせていただきます．なお，電話での質問にはお答えできませんので，あらかじめご了承ください．
- 万一，落丁・乱丁の場合は，送料当社負担でお取替えいたします．当社販売課宛にお送りください．
- 本書の一部の複写複製を希望される場合は，本書扉裏を参照してください．

EE Text　システム制御 I

2003年11月20日　第1版第1刷発行
2024年10月10日　第1版第19刷発行

編著者　宮崎道雄
発行者　村上和夫
発行所　株式会社 オーム社
　　　　郵便番号　101-8460
　　　　東京都千代田区神田錦町3-1
　　　　電　話　03(3233)0641（代表）
　　　　URL　https://www.ohmsha.co.jp/

© 電気学会 2003

印刷　中央印刷　製本　協栄製本
ISBN978-4-274-13289-6　Printed in Japan

21世紀の総合電気工学の高等教育用標準教科書

EEText シリーズ

電気学会－オーム社共同出版企画

企画編集委員長　正田英介（東京大学名誉教授）
編集幹事長　　　桂井　誠（東京大学名誉教授）

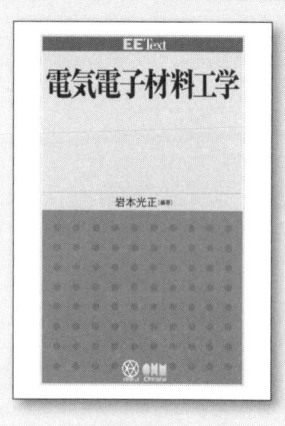

・従来の電気工学の枠にとらわれず、電子・情報・通信工学を融合して再体系化
・各分野の著名教授陣が、豊富な経験をもとに編集・執筆に参加
・講義時間と講義回数を配慮した、教えやすく学びやすい内容構成
・視覚に訴える教材をCD-ROMやWebサイトで提供するなど、マルチメディア教育環境に対応
・豊富な演習問題、ノートとして使える余白部分など、斬新な紙面レイアウト

EEText シリーズ

電気電子材料工学
岩本　光正　編著　■B5判・224頁■

〔主要目次〕物質の構造／金属の電気伝導／半導体／誘電体／絶縁体・薄膜の電気伝導／磁性体／固体の光学的性質／界面の電気化学／新しい電気電子材料とデバイス応用への流れ

光エレクトロニクス
岡田　龍雄　編著　■B5判・164頁■

〔主要目次〕光エレクトロニクス概説／光波の基本的性質／光ビームの伝搬と制御／光増幅器とレーザ／光の検出／光通信システム／光メモリ／光入出力装置各論／レーザのエネルギー応用／レーザのセンシングへの応用

モーションコントロール
島田　明　編著　■B5判・228頁■

〔主要目次〕モーションコントロールとは何か／システムの表現と数学の基礎／電動力応用技術の基礎／運動機構と運動学、静力学（ロボット工学1）／動力学と電機・機械複合系のモデリング（ロボット工学2）／制御系設計法／産業機器におけるモーションコントロールの高性能化／ロボットの軌道生成法と制御（ロボット工学3）／システムデザイン技術

オペレーションズ・リサーチ —システムマネジメントの科学—
貝原　俊也　編著　■B5判・196頁■

〔主要目次〕序論:オペレーションズ・リサーチ概論／数理計画法／在庫管理／意志決定法／待ち行列／組合せ最適化／グラフとネットワーク／スケジューリング／シミュレーション／付録　確率分布

もっと詳しい情報をお届けできます。
●書店に商品がない場合または直接ご注文の場合も右記宛にご連絡ください。

ホームページ　http://www.ohmsha.co.jp/
TEL/FAX　TEL.03-3233-0643　FAX.03-3233-3440